中国式有机农业
（设施蔬菜持续高产高效关键技术研究与示范项目成果、
河南省大宗蔬菜产业技术体系专项资助）

有机辣椒
高产栽培流程图说

马亚红　张　婷　王广印　马新立　著

科学技术文献出版社
SCIENTIFIC AND TECHNICAL DOCUMENTATION PRESS
·北京·

图书在版编目（CIP）数据

有机辣椒高产栽培流程图说 / 马亚红等著. – 北京：科学技术文献出版社，2013.9

（中国式有机农业）

ISBN 978-7-5023-7684-0

Ⅰ. ①有… Ⅱ. ①马 Ⅲ. ①辣椒 – 蔬菜园艺 – 无污染技术 – 图解 Ⅳ. ① S641.3–64

中国版本图书馆 CIP 数据核字（2012）第 315810 号

有机辣椒高产栽培流程图说

策划编辑：周国臻 责任编辑：周国臻 责任校对：赵文珍 责任出版：张志平

出 版 者	科学技术文献出版社	
地 址	北京市复兴路15号 邮编 100038	
编 务 部	（010）58882938，58882087（传真）	
发 行 部	（010）58882868，58882874（传真）	
邮 购 部	（010）58882873	
官 方 网 址	http://www.stdp.com.cn	
发 行 者	科学技术文献出版社发行 全国各地新华书店经销	
印 刷 者	北京金其乐彩色印刷有限公司	
版 次	2013 年 9 月第 1 版 2013 年 9 月第 1 次印刷	
开 本	850×1168 1/32	
字 数	60千	
印 张	3.75	
书 号	ISBN 978-7-5023-7684-0	
定 价	16.00元	

　　2009年以来，山西省新绛县用山西恒伟达生物有机肥生产的春桃番茄、荷兰茄、美国西芹等有机蔬菜直供太原晋祠国宾馆。图为2012年5月8日，山西省政协副主席、太原晋祠国宾馆董事长王宁（右）与马新立（左）在国宾馆畅谈生物技术生产的有机食品，王主席同周围的与会者说："马新立为发展中国农业和食品质量安全供应做出了巨大贡献，无人比拟，今天我特别邀请马新立与我合个影。"

2013 年 6 月 26 日，"中国式有机农业优质高产栽培技术"成果在北京通过鉴定，被评为"国内领先科技成果"。图为鉴定委员会会场

中国式有机农业优质高产栽培技术发明人、山西恒伟达生物农业科技有限公司顾问马新立在成果鉴定会上向武维华院士汇报基层工作情况

2008 年 6 月 20 日，马新立（右）与荷兰瑞克斯旺公司技术室主任荣华威进行有机蔬菜出口品种的选择

2010 年 11 月 3 日，马新立（右二）在陕西杨凌美庭示范园，与国家可持续发展委员会会长（原国务院发展中心）魏志远（左一）、台湾两岸农业开发有限公司董事长翟所强（右三）和副总经理金忆君（右一）讨论生物有机农业技术的规划和应用

2011年10月2日，山西省农业厅土肥站站长刘银忠（前排中）到山西新绛恒伟达生物科技有限公司考察指导工作

姓　名：马新立　性　别：男
身份证号：142726195501220018
现任职务：副刊主任
专　业：蔬业
职　称：高级编辑师

证件统一编号：SC004
发证日期：2007 年 8 月 13 日

联合颁发机构

北京市农林科学院期刊社
国家蔬菜工程技术研究中心
蔬菜杂志社
华北农学报

做足蔬菜经济文章
促进行业和谐发展

2007年8月13日，马新立被北京《蔬菜》杂志聘为科技顾问

2012年6月6日，国务院《三农发展内参》办公室主任董文奖（右一）与中国农科院研究员刘立新（左二），在山西新绛县恒伟达生物科技有限公司董事长张宝良（右二）、经理张怀良（左一）陪同下，在该公司车间视察指导工作

恒伟达生物有机肥配方产品质量经国务院《三农发展内参》办公室董文奖和中国农科院研究员刘立新专家检验后提升生产

山西恒伟达生物农业科技有限公司生产的有机肥

山西恒伟达生物科技有限公司的造粒设备

山西恒伟达生物科技有限公司的生物菌发酵设备

山西省新绛县发展生物有机蔬菜被列为供港蔬菜基地，2008年12月16日，被山西省进出口检验检疫局认定为符合出口植物源性食品原料种植基地，并发了备案证书

作者之一马新立设计的生态温室——种长后坡矮北墙日光温室——2011年10月19日被国家知识产权局授予实用新型专利

2005年12月28日，山西省新绛县作物有机认证证书达3133公顷，蔬菜产品行销日本、美国、俄罗斯、韩国等6个国家及我国港澳地区

2012年1月16日由山西恒伟达生物科技有限公司产品被杭州万泰认证有限公司认证为有机生产投入品准用物资

马新立研究的生物集成技术——种有机蔬菜的田间栽培方法，2010年12月10日，被中华人民共和国国家知识产权局受理为发明专利。2011年8月3日通过互联网向全世界网向世界公布

2011年3月，"马新立牌有机蔬菜"在中华全国供销合作总社组织的"秀山特产杯"2010"中国具有影响力合作社产品牌"评选中，排名第七

前　言 *Preface*

　　现今，国内外对食品安全的要求十分迫切，但普遍认为有机农业是不用化肥和化学农药的，作物产量受到影响会下降20%～50%。而用化学技术生产的农产品污染严重是肯定的，已给人类造成极大的威胁和灾难。特别是在欧美地区，以轮作倒茬为中心的生产有机食品模式，即准备生产1亩地（667平方米）有机农作物，就需安排3亩（2000平方米）的耕地，田间管理不施任何生产物资，靠自然生长产量低得可怜。

　　20世纪末，笔者亲见报端，在荷兰辣椒667平方米可产1.5万千克，可信，但遥不可及，因为我国广大农民投资不起可以自动控温、补光、供营养的现代化连栋温室。

　　笔者经过几年的研究，运用生物有机营养理论，整合当今科技成果，提出了碳素有机肥+复合益生菌（二者结合为生物有机肥，此肥料能使土壤和植物营养平衡，使作物不易被染病害，可避虫，能打开植物次生代谢功能，提高品质和产量）+天然矿物钾（使作物膨果、提高品质的营养元素）+植物诱导剂（提高光合强度和作物的特殊抗逆性）+植物修复素（愈合病虫害伤口，提高根部活力) 技术。按此技术操作，不存在连作障碍，几乎不考虑病虫害防治，在任何地区选用任何品种，均可比目前用化学技术提高产量0.5～3倍。

在不施任何化学合成肥料和农药的前提下，在鸟翼形长后坡矮后墙生态温室内，辣椒667平方米一年一作产0.8万～1.5万千克，收入4万～8万元，并符合国际有机食品标准要求。此技术的推广应用，不仅能降低成本，提高收益，又可提供安全风味食品，从而保证人们的身心健康，也为实现党中央、国务院提出的2020年较2008年农村经济收入翻番开启了一条发展之路。

这项技术2010年被中华人民共和国国家知识产权局认定为发明专利，2011年8月3日正式向世界公布。2012年6月6日，国务院《三农发展内参》办公室主任董文奖与中国农业科学院研究员刘立新亲临山西省新绛县调研。调查认为：新绛县科技人员研究的这种模式系中国式有机农业技术。现将生产过程总结、整理、集结成书，以期能对我国乃至世界三农经济发展和食品安全供应起到积极的作用。敬请读者在应用中提出宝贵意见。

马新立　电话：0359-7600622

目 录 *Contents*

概论　中国式有机农业理论实践与展望

第一章　有机栽培技术流程及应用实例图说

第二章　科学依据

附　录

概 论 中国式有机农业理论实践与展望

　　使用化肥、农药、饲料添加剂、生产刺激素、转基因物质等的化学技术农业，从产量上讲已走到尽头，从质量上讲已走到悬崖边。

　　发展有机食品农业是人类的共同追求，西方的有机农业理念，即不计成本地维持原始生态种植，没有认识到生物整合创新高产栽培模式的有效性；开启植物次生代谢途径的重要性；也没有为作物生长补充其必需的、足够的营养，从而制约了农产品产量。其生产模式是："卫生田（不施任何肥料等物质）＋种苗＋换地＋田间管理＝低产有机农作物食品。土壤越种越薄，产量一年比一年低，几年后搁置休闲，重新选一块地生产。"（见中国农科院院士刘立新著《科学施肥新思维与实践》，2008年5月由中国农业科学技术出版社出版）西方有机食品的生产是以牺牲产量为代价的生产方式，这种方式生产的有机食品只能为社会上层人物和有钱人提供，普通老百姓无力问津。

　　2012年2月1日，中共中央国务院第9个1号文件，关键词是"推进农业科技创新"。要点是"提高单产，靠继续增加使用化肥农药，不仅降低效益，而且破坏环境，也难以为继"，注目点是"把增产增效并重，良种良法配套，农机农艺结合，生产生态作为基本要求"，创新点是"大力加强农业技术研究，在农业生物控制、生物安全和农产品安全等方面突破一批重大技术理论和方法，加强推进前沿技术研究，在农业生物技术、信息技术、新材料技术、先进制造技术、精准农业技术等方面取得一批重大自主创新成果，抢占现代农业科技制高点"。所以，农业科研工作者必须有效整合科技资源，集成、熟化、推广农业科技成果。

党的十八大提出，2020年农业经济较2010年翻一番。我们确信，如果在区域推广我们整合的碳素有机肥+有益菌+植物诱导剂+钾等生物集成发明专利技术，1～2年农业经济就能翻一番。

中国式有机农业生物集成创新高产栽培模式，一是将中国"农业八字宪法"提升为"作物十二平衡管理技术"，即"土、肥、水、种、密、保、管、工"改为"土、肥、水、种、密、气、温、光、菌、环境设施、地上与地下、营养生长与生殖生长"等十二平衡；二是将作物生长的三大元素氮、磷、钾调整为碳、氢、氧；三是将作物生长主要靠太阳的光合理论调整为靠生物有益菌的有机营养理论，从而创新集成为五大要素，即碳素有机肥（如秸秆、禽畜粪等）+复合生物菌剂+天然矿物钾+植物诱导剂（有机农产品生产准用认证物资）+种苗＝投入比化学农业技术成本降低30%～50%，产量提高0.5～3倍，产品符合国际有机食品标准要求。虽然不用化肥和化学农药，但必须用碳素有机肥来保障作物生长的主要营养元素供应；用复合生物菌液提高自然界营养的利用率；用天然钾壮秆膨果提高产量；用植物诱导剂增根控秧防治病虫害。选择适宜当地消费的品种，增加市场份额，提高种植收益。

有人问，生物技术这么好，为什么10多年来在农业应用上发展不起来，原因就是技术集成不到位，套餐应用不到位。施钾长果，配合施植物诱导剂控秧，提高光合利用率，产量才能提高0.5～2倍。生物技术靠吸收空气中的氮和二氧化碳，分解土壤中的养分，提高有机肥利用率和阳光利用率，无须施用化肥和化学农药等有机食品生产禁用物质，产品自然就是有机食品。该项技术属国际先进水平，目前无同类技术相媲美。

我国农业八字宪法（土、肥、水、种、密、保、管、工）于20世纪后叶在农业生产发展上起到了重大指导作用，特别是化学肥料、农药的生产和应用，对解决我国人民温饱问题起到了主导作用，但它同时也束缚了广大干部、农民对现代、生物和有机农业的认识和发展，不能充分地利用天然资源，如空气中的氮、二氧化碳及阳光利用率不足1%，生物秸秆和土壤矿物营养当季利用率不到25%，化学肥料利用率也只有10%～30%，十二生态平衡技术（即土、肥、水、种、密、气、光、温、菌、地上与地下、营养生长和生殖生长、环境设施）的提出，注重利用光、温、气、菌天然因素，农业投入成本较化学农业技术可降低50%，产量可提高0.5～1倍以上，产值可提高1～3倍。

创新成果点一。作物生长的三大元素是碳、氢、氧，约占干物质96%，而不是传统认为的氮、磷、钾，占2.7%～4%。也就是说，作物鲜体含水分90%左右，11千克可干或1千克干秸秆，那么，1千克干秸秆在水分和复合益生菌的作用下，可长11千克新生植物体。对叶菜而言，1千克干秸秆可长11千克；对果树、果菜而言，1千克干秸秆可长5～7千克瓜果；对粮食作物而言，茎秆与光子粒各占50%左右，1千克干秸秆可长0.5～0.6千克，但必须是在集成技术的共同作用下才可能达到。而且，秸秆是多种营养成分共存的复合体。干秸秆中含碳45%，牛粪、鸡粪中含碳25%左右，作物高产所需碳氮比过去为30：1，增产幅度比为1：1，而现实证明，碳氮比达60～80：1，增产幅度在1：1的基础上，还可增产1～1.5倍。2009年5月24日，国务院委派中国农科院院士闵九康一行11人到新绛考察，笔者列举了100名产量翻番用户。证明推广这项科技成果可行。该项科技成果已以《绿色蔬菜栽培100题》为书名，2012年8月由金盾出版社出版。

创新成果点二。复合有益菌利用和分解有机碳素物，将碳、氢、氧、氮等营养以菌丝残体形态直接通过植物根系进入新生植物体，利用和生成有机物是光合作用的3倍，那么增产幅度就是1～3倍。钾是作物品质高产元素，50%天然矿物钾或赛众28硅钾调理肥（属有机农产品准用认证物资），含量50%钾100千克可生成果瓜8000千克，叶菜1.2万～1.6万千克，可生成粮食1660千克。植物诱导剂可控秧徒长，增根1倍左右，光合强度增加0.5～4倍，抗病、抗虫，几乎不需农药，植物修复素增甜、增色、增产显著。

目前我国化学技术和生物有机集成技术，西红柿、辣椒的产量对比情况：化学技术一茬产量0.3万～0.8万千克，生物技术一茬667平方米产量1.5万～2万千克。

用尿素、硝酸铵、磷酸二铵、磷酸一铵、硝酸磷、硝酸钾等化学合成肥料和化学合成农药、生长刺激素，栽培管理农作物是化学技术农业。这是目前我国农业生产的主要技术模式。

用生物秸秆即植物残体与动物粪便（畜、禽粪）、复合益生菌、天然矿物钾或生物钾肥、植物诱导剂（植物制剂）、植物修复素（矿物制剂）五要素作业就是生物集成成果技术，就是农业创新技术模式，产品属有机食品。应用生物集成技术，碳素有机肥可就地收集沤制，就地应用于生产，益生菌剂可方便生产和自繁，其他物料可批量供应，地方农作物产量可成倍提高，农业收入即可翻番；食品实现优质供应。可谓一举两得。

生物有机集成技术要素的关系要求：

一是碳素有机肥。作物生长的三大元素是碳、氢、氧，占作物体所需95%左右，即秸秆、畜禽粪、风化煤、草炭、各种农副产品下脚料，饼肥；而不是只占作物体2.7%的氮、磷、钾。所以施大量化肥，浪费量为70%～90%，污染环境和食品。目前，化学农业增产已到极限，再想提高已没什么前景。而有机肥中的碳、氢、氧是决定产量翻番的基本物资。如果摆正需求量的主次，就能使作物高产、优质。

二是复合益生菌。有机肥必须施用益生菌液。有机肥在杂菌作用下只能利用20%～24%，76%～80%有机营养放空而去。而在有机肥上撒上复合益生菌，其中的碳、氢、氧、氮不仅全利用，而且还会吸收空气中的二氧化碳（含量为330毫克/千克），吸收空气中的氮元素（含量为79.1%）。在不施生物菌和肥的情况下，空气中的营养利用率不足1%，用上复合益生菌后，利用率可提高1倍以上。所以说化肥是低循环利用，复合生物菌对天然有机营养是高循环利用，利用率可提高1～3倍，产量也就可提高1～3倍。

另外，生物菌还有几个好作用。①根系可直接吸收土壤中的有机质营养，即不通过光合作用合成产品；②平衡土壤和植物营养，作物不易染病；③使害虫不易产生脱壳素而窒息死亡，能化虫；④能打开植物风味素和感化素，品质优良、好吃。而施化学物能闭合植物次生代谢功能，"两素"不能释放、口感不好、营养价值低，是因为每种作物产品的特殊风味释放不出来；⑤能分解土壤中的营养，吸收空气中的营养。

三是钾营养。贮钾就是贮粮菜。作物产量要翻番，除新疆罗布泊和青海、甘肃区域土壤中钾盐丰富区，土壤含钾量在200～400毫克/千克不必施钾外，全国各地土壤含量都在100毫克/千克左右，作物要高产，必须补钾。瓜果作物施含量50%天然矿物钾100千克按产果8000千克投入计算，产叶菜1.2～1.6千克，产小麦、玉米等干子粮食1660千克。

四是植物诱导剂。有机肥、生物菌钾、三结合，作物抗病长势旺，秆壮，但不一定能高产，因为作物往往徒长，营养生长过旺，必然抑制生殖生长。怎么办？用植物诱导剂灌根或叶面喷洒，控秧促根，控蔓促果，提高叶片光合强度0.5～4倍，作物抗热、抗冻、抗病，生长能量特强，产量就特高。

从理论上讲，党的十八大报告中提出"促进创新资源高效配置和综合集成"、"大力推进生态文明建设"。邓小平同志曾指出："二十一世纪是生物农业。""将来中国农业问题的出路要由生物工程解决，要靠尖端技术来解决。"现在已是21世纪，发展生物农业，应从现在尽力做起。日本比嘉昭夫在1991年就著述了《农业与环保微生物》一书。书中认为应用生物技术"如果调查出某一作物高产例子，就会发现不少（较过去化学技术）是平均产量的2倍和3倍"，原因是"有益菌能将有机物利用率由杂菌的20%～24%提高到了100%～200%"，"生物有机肥能将无机氮（钾）有机化"。

从实践上讲，2012年山西省新绛县白村黑湾泥莲菜专业合作社用有机肥传统技术667平方米产2000千克，符合清水莲菜专业合作社用生物有机肥667平方米产3000千克；而桥东村王文杰用生物集成技术667平方米产4000～4500千克，每根藕由传统技术的3～4节增长到7～8节。山西省新绛县宏彤有机小麦专业合作社用生物集成技术种植的复播小麦由667平方米产300～350千克，提高到600~650千克，产品被北京五洲恒通认证公司认定为有机小麦，价格由普通面粉3元/千克提高到20元/千克，以绛州香品牌富硒有机小麦面粉名份进入北京市场。2012年，侯马市乔村杨西山用生物集成技术正茬大穗小麦，每穗长100粒左右，667平方米产达826千克。而运城市2011年小麦平均667平方米产280.68千克。在山西省新绛县、河南省内黄县、甘肃省临洮县等地用生物技术种植玉米667平方米产量超1000千克。

此生物集成技术试验应用点，2012年6月6日经国务院《三农发展内参》主任董文奖、中国农科院研究员刘立新、梁鸣早视察认定为中国式有机农业，并通过山西科技系统局已进入国家成果申报程序。研发在山西省运城市，应当首先见效在山西省及运城市。

近8年来，山西省新绛县以作者之一马新立组织的生物有机农业团队，立足应用生物集成技术产品，在全国各地所有省市（自治区）累计推广面积超600万公顷，各地（包括台湾两岸农业发展公司）应用反馈意见证明，在各种作物上应用产量均可提高0.5~2倍，田间几乎不考虑病虫害防治，产品味醇色艳。这项技术成果的推出，可解决农业可持续发展和食品质量安全供应问题。

应用实例：（1）河南省新民市大卫乡侯庄村侯怀成，2011年早春黄瓜选用巨丰29号品种，667平方米按鸡粪10方、牛粪6方，50%天然矿物钾100千克，复合生物菌液15千克，植物诱导剂50克，产瓜2万余千克，收入4.3万余元，较用化学技术产量提高1倍左右。

（2）湖南省常德市范家湾村吴卫支，2010年在菜田施复合生物菌液，田螺、虬蜂等害虫基本全死掉，虫害得到控制，蔬菜产量高，品质好，收入比他人提高 0.8~1倍。

分析其障碍阻力有以下五个方面：

一是很多人对作物生育所需营养元素的比例在认识上有误解。作物生长所需的三大元素是碳、氢、氧，早在20世纪70年代苏联专家出版的《植物营养与诊断》专著上就有说明，我国的教科书上也将碳、氢、氧排在前3位。而在目前的现实生产上，科技人员和广大农民，多数人都把眼光盯在植物体含量2.7%左右的氮、磷、钾作用上，忽略了含量95%左右的碳、氢、氧，主次倒置，自然作物产量受到限制。

二是对作物吸收产生营养物质有偏见。光合作用合成有机质及肥料的利用只占20%~24%，自然界及空气中的二氧化碳、氮气利用率不到1%，多数人不知道根系可以直接吸收土壤中的有机营养。特别是在复合有益生物菌的作用下，能将有机物利用率提高到100%~200%，为扩大型营养循环（见日本比嘉昭夫著《拯救地球大变革》，1984年中国农业大学出版社出版），即有机肥全利用，并能吸收空气中和分解土壤中的营养，称为有机营养理论。这样就能使作物产量提高0.5~3倍。

三是不会利用集成技术。有机物质中的碳、氢、氧靠杂菌分解利用率低，洒上复合生物菌利用率高，有机质肥与益生菌互相作用，是作物健康生长的结合点。缺碳素物益生菌不能大量繁殖后代而发挥巨大作用；缺益生菌有机质不能充分分解和利用，效果亦差。

以上两者结合作物生长势强，但叶茎生长旺，易徒长，用植物诱导剂在作物叶面上喷洒或灌根，根系增加70%以上，光合强度提高0.5~4倍，植株抗热、抗寒、抗病、抗虫，能控制叶蔓生长，促进营养向果实积累，产量效果凸现。

以上三要素使作物的叶、蔓、根、花、果生长旺盛了，但长果实需要的大量元素是钾，多数地区土壤中的钾营养只能供应作物低产量需求，要应用含有益菌分解有机质和植物诱导剂提高作物生长强度，使作物产量大幅度提高，就需较大量地补充钾元素，可按50%天然矿物硫酸钾100千克产鲜果实8000千克，产可全食叶菜1.6万千克投入，才能归结到提高作物产量1～3倍上。

在作物生长中，难免因当地土壤质量，水质、气候、湿度等环境产生病、虫害使作物叶果染病，影响产量和质量，叶面上喷洒植物修复素可激活作物体上沉睡的细胞，打破顶端生长优势，营养向中下部转移，愈合病虫害伤口，使果实丰满光滑，色泽鲜艳，增加含糖1.5～2度，面形漂亮，就达到了商品性状好、产量高、投入少、农业收入高的目的，并能保障食品质量安全从源头做起。这就是生物集成成果技术。笔者研究的这项成果2009年获河南省人民政府科技进步二等奖。2010年12月10日该项成果被国家知识产权局登记为发明专利，2010年8月3日正式向全世界公布。

四是来自化学农资产业链的阻力。由于40余年的化学农业要转型为生物农业，过程中势必会影响到某些局部的短暂收益，也是变革中必然会经历的阵痛，但是，生物农业是不可阻挡的趋势，也是民心所向，有益于子孙后代的大好事，唯有顺应潮流，积极转型，才能不被时代所抛弃。

五是大多数人对生物农业技术不了解。因过去没把成果集成起来应用，效果不明显，难以推广开来，加之20世纪末化学农业仍有一定增产空间，所以粮食供应问题亦大。目前，面对日益严重的食品安全问题，从作物高产和食品优质两个层面上讲，大力推广生态生物集成技术的时机已经成熟。

故建议：（1）各级干部及群众认真领会中共中央、国务院关于生物技术推广应用的政策精神，把农业经济翻番和食品安全生产供应放在依靠生态生物集成技术推广应用上。

（2）从认识上接受联合国粮食权利特别报告员奥利维德舒特在研究报告中肯定的意见："①生态农业将解决全球人的温饱问题；②生态农业有望实现全球粮食产量翻番；③生态生物技术提高产量胜过化肥，可提高79%以上。"

（3）深刻理解和实行日本比嘉昭夫教授的理论：人类开发利用了EM复合生物菌，"地球人口增长到100亿，也不愁无食物可吃"。

（4）各级党政部门应大力组织宣传，应用生物集成技术发展生态生物农业，保障地方农业经济提前翻番和食品安全生产供应。

目前，山西省新绛县用生物技术生产的蔬菜、水果被太原晋祠国宾馆，北京中农信达高层食品供应部，澳门、香港、深圳的一些超市确定为长期供应产品。2008年至今，产品通过国内外化验，符合国际有机食品标准，国内外差价达9～30倍。用该项集成技术生产的蔬菜供应香港已经5年，2012年香港回归15周年时，港府食卫生局宣布，供港山西农产品（新绛有机蔬菜）合格率为99.999%，经过历炼，取得了认可。比如，无刺黄瓜2010年12月20日，新绛为3元1千克，澳门为84元1千克。

综上所述，我们提出的中国式有机农业食品的生产方式，其产品在品质、风味方面与西方相同，而在产量水平上却比施用化肥的产量提高0.5～3倍，真可谓是好吃不贵。中国式有机农产品必将成为全世界普通百姓吃得起的安全食品，领航世界有机农业潮流可望又可及。

第一章

有机栽培技术流程及应用实例图说

第一节
栽培技术流程图说

一、茬口安排

用碳素有机肥＋复合生物菌＋钾＋植物诱导剂＋植物修复素五大要素技术，在温室栽培辣椒，植株抗冻、抗热、抗虫、抗病，故随时都可下种。山西省新绛县多以一块地年生产1～2茬安排。即早春茬2～3月下种，5～6月结束；续越夏茬5月份育苗，10～11月份结束；越冬茬11月下种，翌年2～4月结束，续延秋茬7月份育苗，12月～翌年1月份结束，每茬667平方米可产1万千克，高者产1.5万千克。

1. 温室高产效益茬口

辣椒选用荷兰37-72（青岛瑞克斯旺公司供种0532－88017909）日本长剑品种，667平方米栽1900株，备子2200粒。基施牛粪7000千克，鸡粪2000千克，生物菌液15千克，45%天然矿物硫酸钾200千克，稻壳500千克。1～6月份育苗，4～8月份定植，6～10月份始收，到11月至翌年5月份结束，可做到周年生产，全年供应，667

平方米可产1万千克左右，收入4万～7万余元。

辣椒选用翠绿黄1号，长果形甜椒，嫩果绿色，成熟果米黄色（四川川椒公司生产0813－7202503），方桶形甜椒越冬栽培选用荷兰黄太极配红太极（青岛瑞克斯旺公司供种）或曼迪配塔兰多甜椒，667平方米栽1800株，产7500千克左右。越夏栽培选用荷兰朱米拉（红色）配西格莱斯（黄色），667平方米产7500千克左右。

2. 拱棚高产效益茬口

辣椒—南瓜茬：辣椒选用荷兰特大尖椒07-40品种，2月份育苗，4月份定植，8月份结果。每个辣椒长30厘米左右，667平方米产椒1万千克以上。二茬南瓜选北京京红栗品种，果实橘黄色，白花纹。

菠菜—甘蓝—辣椒茬：菠菜选用大叶超能品种，667平方米用子1千克，10月上中旬下种，12月份覆盖两膜一苫，元旦、春节上市，667平方米产菜2500千克，收入4000元左右。第二茬种芹菜或甘蓝，在3月底上市。第三茬辣椒选用羊角形品种相研13号或良椒1号，甜椒型选用中椒11号或中椒7号，1月份温室育苗，4月上旬甘蓝或芹菜收获后移植，5～10月份上市，667平方米产果6000千克左右，收入15 000～17 000元。

辣椒—豆角茬：延秋茬辣椒在7月初下种，8月中旬防雨虫覆膜保苗，11月扣棚，11月下旬盖草苫，12月上旬收3层果，12月中下旬着生满天星，挂果至2月份一次性采收上市，667平方米产果6500～10 000千克，收入17 000～20 000元。早春茬豆角选用日本大白棒，广大930或泰国绿龙等耐寒品种，1月中旬在温室内育苗，2月底辣椒收获后移栽，3月底上市，6月份结束，667平方米产4000～7000千克，收入8000～10 000元。

芹菜—辣椒茬：头茬芹菜选用台湾产西芹1号（0438-8224388）或西芹3号（0371-5739218）品种，8月初育苗，10月初移栽，株行距45厘米，667平方米栽1万～1.3万株，11月份覆盖，春节期间上市，单株重1～2千克，667平方米产1万～1.5万千克，收入1.5万～2万元。二茬辣椒选用苏椒5号或良椒1号，11月初下子，芹菜收获后栽辣椒，667平方米续产6000～7500千克，收入36 500元左右。

二、品种选择

用生物技术栽培辣椒，碳、钾元素充足，恒伟达生物菌可平衡土壤和植物营养，打开植物次生代谢功能，能将品种种性充分表达出来，不论什么品种，在什么区域都比过去用化肥、化学农药产量高、品质好，但就辣椒而言还是以荷兰优良品种为佳，可对接国际市场。

一般在一个区域就地生产销售，主要考虑选择地方市场习惯消费的品种，如形状、大小、色泽、口感等。

1. 良椒2313辣椒

植株生长快，叶深绿色，抗病性强，10节左右着生门椒，果长20厘米，直径3厘米左右，椒尖羊角形，肩部下方皱纹呈羊大肠形，光泽度好，青果绿色，老熟果红色，浓香辣味，开花到

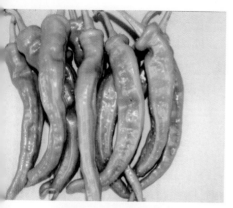

产6000～7000千克，用日本野生辣椒做沾木嫁接，生物技术栽培管理，可产8000千克（山西省夏县良丰蔬菜研究所，0359－8556588，13703590806）。

2.日本长剑辣椒

植株生长势强，果实羊角形，长15～18厘米，厚皮微辣，667平方米栽1800～2000株，按有机栽培技术，可产1.1万～1.5万千克。

青果期25天左右，667平方米栽3000株，温室宜稀植，露地栽培宜稀些，行距60厘米，株距40～45厘米，一般留5～6层果，667平方米可

3. 冀椒6号辣椒

温室越冬栽培，8～9月份下种，春节前门椒、对椒、四门斗椒长成，待"两节"期间上市，2～5月份生长八面风、漫天星，一株长果7～10层，单椒重150～250克，667平方米产8000千克以上。

4. 荷兰红太极辣椒

植株生长中等，节间短，适于温室和夏春大棚种植。果实大，灯笼形，果肉厚，长8～10厘米，直径9～10厘米左右，平均单果重200～260克，外表亮度好，成熟后转红色，色泽鲜艳，商品性好，可以绿果采收，也可以红果采收，耐储运，货架寿命长，抗烟草花叶病毒病。667平方米栽1800～2000株，产8000千克左右，适宜港澳地区及中东国家消费。

5. 荷兰黄太极辣椒

植株开展度大，节间短，生长能力强，适应于越冬温室和早春大棚种植，座果率高，灯笼形，成熟后转黄色，生长速度快，在正常温度下，果长8～10厘米，直径9～10厘米左右，果实外表光亮，适宜绿果和黄果采收，商品性好，耐储运，单果重200～250克，抗烟草花叶病毒，667平方米栽1800～2000株，产8000千克左右，适宜中东国家人群消费。

6. 荷兰曼迪彩椒

植株生长势中等，节间短，适应温室和早春大棚种植，座果率高，果实灯笼形，果肉厚，长8～10厘米，直径9～10厘米，单果重200～260克，外表亮度好，成熟后转色红，色泽鲜艳，商品性好，绿果、红果均可采收，耐储运，货架寿命长，抗烟草花叶病毒病。

667平方米栽1800～2000株，产7500千克，注重施牛粪、生物菌产量可达1万千克，适宜港澳地区人群消费。

7. 荷兰塔兰多彩椒

植株开展度大，节间短，生长能力强，适于冬季日光温室和早春大棚种植。果实大，方形，成熟后转黄色，生长速度快，在正常温度下，果长10～12厘米，直径9～10厘米，果实外表光亮，商品性好，耐储运。单

果重250～300克，最大单果重可达400克以上，抗烟草花叶病毒，667平方米栽1800～2000株，产椒7800～10 000千克，适宜出口外销。

8. 荷兰07-40大尖椒

植株开展度中等，叶片大，连续坐果性强，株高可达2.2米，中上层果长达25～30厘米，粗3～4厘米，注重施秸秆、牛粪、生物菌，667平方米栽1800～2000株，可产1万千克以上。

9. 荷兰37-76辣椒

植株生长势强，嫩果绿

色，长33～35厘米，果肩直径4厘米左右，667平方米栽1800株，按生物技术栽培可产1万～1.5万千克（青岛瑞克斯旺公司供种，0532-88017909）。

10. 超级404羊角小辣椒

植株耐热抗湿耐涝，分枝结果性强，每节着1～2果，大小均匀，果长15～17厘米，果肩宽1.5～1.7厘米，单果重15～18克，坐果率高，品质好，肉较厚，皮光滑，青果墨绿色，老果大红色，风味佳，不皱皮，耐储运，可鲜食与加工。667平

方米栽2500株左右，露地栽培在2～4月份育苗，4～6月份定植，6月～翌年12月份收获，可周年生长供应。667平方米产5000千克左右，适合南方沿海及中东国家人群消费（香港农友利国际有限公司供种，2012年1月2日摄于广东台山森江有机蔬菜基地）。

三、五大创新整合技术要素

1. 碳素生物有机肥

（1）碳素生物有机肥的投入计算

玉米干秸秆按每千克供产叶类菜10千克，瓜果类菜5～6千克投入；牛粪、鸡粪按每千克供产叶类菜6千克，瓜类菜3千克投入。黄瓜田鸡粪不超过10立方米，其他瓜果类蔬菜不超过5立方米，经堆积混合沤制，施用前2～10

天按每667平方米田用肥量喷洒浇施2~3千克绛州绿复合生物菌分解，使之碳素黑质化。不用生物菌分解，有机肥中碳、氢、氧利用率只有20%~24%；用生物菌分解有机营养利用率可提高到150%~200%（可从空气中吸收和从土壤中分解养分，并扩大菌群量及作用）。

（2）碳素有机肥的堆积

用玉米秸秆覆盖鸡粪，保护鸡粪中的氮素营养，不致大量释放到空气中，又能促使秸秆黑质化，因秸秆中碳素分解需吸收鸡粪中的氮，粪肥中的氮、碳比达1∶30~90，利于蔬菜高产、优质。

（3）秸秆铡揉机

该机适用于棉花秆、玉米秆、高粱秆、麦草、稻草、树皮、葡萄藤和大豆秆等各种农作物秸秆的切碎揉搓加工。该产品可将各种农作物秸秆切碎揉搓至30～50厘米，揉搓率达93%，执行标准为NY/T 509-2002，应用于秸秆还田，与复合生物菌、植物诱导剂、钾结合，每千克干秸秆可产瓜果类菜5～6千克，整株可食蔬菜10千克以上。洛阳市宇灿农机公司生产（13849940067），山西朔州市兴农机械也有生产（13363496789）。

2. 生物菌

生物菌由豆汁、红糖加复合生物菌制成，为有机农产品准用物资。每克含80多种菌，总数达300亿～500亿。①土壤中有了大量的复合生物菌，能平衡土壤和植物营养，可减轻生理、真、细菌引起的各种病害；②可替代杂、病菌占领生态位，作物生长快速、健康；③能分解有机肥中的粗纤维，避免生虫；④能使成虫不产生脱壳素而窒息死亡，能化卵；⑤能打开植物次生代谢功能，抗病增产，原品种风味凸现；⑥能使碳、氢、氧、氮以菌丝残体形态被植物根系直接吸收利用，使光合作用在杂菌环境下利用有机物率的20%～24%提高到100%～200%，即可吸收空气中的氮（含量79.1%）和二氧化碳（含量

300～330毫克/千克），分解土壤中的矿物营养。第一次667平方米施用2千克，之后一次施用1千克。生物菌与天然矿物硫酸钾交替施用为佳。

（1）生物菌液态剂

绛州绿复合生物菌由豆汁、土豆汁、红糖营养汁，放入原种（每克含量为300亿～500亿），扩繁后每克有效活性菌达0.5亿～20亿。667平方米随水冲入2～20千克，即可达到净地，分解有机粪，

供植物平衡生长。同时可沤制1万千克左右的有机碳素肥。另外，每吨可沤制生物有机肥60吨左右。

（2）固体生物有机肥

每克含量2000万～2亿以上，每袋40千克，秸秆还田或施入有机畜禽粪肥，667平

方米需施入160～240千克，可达到分解单位面积田间有机物，供作物几乎全利用的效果。

（3）数码生物菌扩繁器

2010年5月12日，山西科技人员研制的数码生物菌扩繁器"一种复合益生菌活化装置"，获中华人民共和国国家知识产权局实用技术专利。小型设备每台4天可生产2吨生产用菌剂（每台造价2万元），中型设备每台每天可生产1吨（每台造价3万元），大型设备每台每天可生产5～10吨（每台造价30万元）。

3. 钾肥

（1）纯天然矿质钾肥

钾是作物生长的六大营

养元素之一，具有作物品质元素和抗逆元素之称。红牛牌硫酸钾肥、硫酸钾镁肥属于天然矿质类型，不掺杂任何成分，品质高、含量足。特别是硫酸钾镁，内含作物生长发育中必需的钾、镁、硫元素，被誉为作物果实的"黄金专家"。钾肥特别适用于蔬菜、瓜果等高效有机生产应用。

将摩天化硫酸钾肥、硫酸钾镁肥施入各类作物田间，能显著提高产品的品

质，增强作物的抗旱、抗寒、抗热害能力，增产效果显著。红牛牌硫酸钾肥含氧化钾50%，每100千克可供产瓜果类菜7000～8000千克，产叶类菜1.5万千克左右，由北京中农亚太国际贸易有限公司经销。另外，新疆罗布泊硫酸钾含量51%，也属于天然矿质高含量硫酸钾。

（2）赛众28钾硅调理肥

赛众28钾肥属矿物制剂，为有机农产品生产准用物资。含速效钾8%，缓

高光合强度0.5～4倍，可起到前期控秧促根，后期控蔓促果的作用，使作物抗热、抗冻、抗病、抗虫性大大提高。667平方米用50克原粉，

效钾12%，可膨果壮秆；含硅42%，可避虫；含有20多种微量元素和10多种稀土元素，能开启植物次生代谢功能，为土壤和植物保健肥料。一般基施25千克，中后期追施50～75千克，也可用浸出液在作物叶面上喷洒，对提高产品和品质效果尤佳，所产果实在常温下可放40天左右。

4. 植物诱导剂

为有机农产品生产准用物资，在植物上沾上该剂能增加根系70%以上，提

500克开水冲开，放24～60小时，兑水60千克，比如在茄子4～6叶时全株喷一次；定植后按800倍液再喷一次，如果早中期植物有些陡长，节长叶大，可用650倍液再喷一次。

5. 植物修复素

植物修复素属矿物制剂，为有机农产品生产准用物资。植物沾上该剂，能激活叶片沉睡的细胞，打破顶端生长优势，使营养往下部果实转移，能愈合叶片及果实上的虫伤、病伤，使蔬菜外观丰满、漂亮，含糖度增

加1.5～2度。

在结果期每粒6克兑水10～15千克，叶面喷洒即可，如果发现病虫害和生理病症，加入50～100克绛州绿复合生物菌液，效果更佳。

四、管理技术

1. 育苗

将碳素有机基质装入营养钵内，或用牛粪拌风化煤或草碳拌做成基质，浇入生物菌液，每667平方米苗床用2千克，既保证根系无病发达，又可及早预防病毒病和

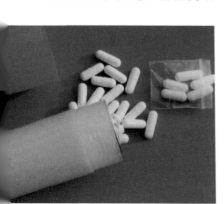

真、细菌病害，植株抗热、抗冻、抗虫性强。

2. 疏苗促矮化

苗圃增施牛粪等有机肥，拔去拥挤小苗，田间冲施生物菌液，叶面喷施300倍液的硫酸铜防病，5～6叶时喷洒1200倍液的植物诱导剂控秧，预防病毒病。

辣椒用生物有机肥营养钵育苗，苗齐苗壮

辣椒夏季育苗需遮阳，喷洒生物菌液和植物诱导剂，防死秧与控制秧蔓徒长

3. 中耕松土

用锄疏松表土，在破板5厘米土缝后，可保持土壤水分，叫锄头底下有水；促进表土中有益菌活动，分解有机质肥，叫锄头底下有肥；保持土壤水分，减少水蒸气带走温度，叫锄头底下有温；适当伤根，可打开和促进作物次生代谢，提高植物免疫力和生长势，增产突出。

用机械深耕，耕作层需达35厘米左右，使土壤与有机肥充分拌匀后整垄栽秧。

4. 合理稀植

有机辣椒栽培要保持田间通风，透光良好，行株距90厘米×40厘米，宽行1～

标准栽植密度

植株开展度过小，辣椒行距过宽，土壤
缺碳钾，植株开展度窄。建议增施有机
肥和生物菌液

株距太小，叶枝拥挤色淡果少。建议合
理稀植，叶面喷红糖+绛州绿生物菌，
使叶面大量产生固氮菌而增色

1.2米，667平方米栽1800～
2400株，两行一畦，畦边略
高，秧苗栽在畦边高处。

5. 合理密植

陆地栽培小型品种，宜

合理密植，株距要近，667平
方米栽1万株左右。

6. 覆盖地膜

覆盖地膜能起到保温、
保湿、保肥、保水作用。

根系发达，覆盖黑色地膜，护根防杂草。

8. 氮过多叶大而软化

按有机栽培五要素管理，底肥施足碳素物后，生长中无需再施人粪尿和其他氮肥，生物菌可从空气和有机肥中吸收和分解营养物

7. 定植深度

辣椒根系在缺氧土层中易木质化。所以不能深栽，又因对肥水害回避能力弱，不宜浅栽，以埋住苗圃时秧苗根茎深度为准。栽秧时用植物诱导剂灌根，用绛州绿复合生物菌浇定植水，促使

质，如出现氮过多叶片软化，这段时期就要注重施天然矿物钾膨果，叶面喷施植物诱导剂控秧。

9. 滴灌浇水

在辣椒田每行设一滴灌管，每株茎基部设一猫眼。确保田间碳素有机肥和恒

北方方法

南方方法

伟达生物菌施足。叶面喷洒植物诱导剂，植株抗旱、抗冻、抗热。在结果期，通过灌管浇水一次施入绛州绿复合生物菌2千克，另一次施入50%天然矿物硫酸钾24千克，空气湿度小，利于辣椒深扎根，授粉坐果和果实膨大，着色一致漂亮。

10. 水分管理

栽秧后浇水至渗透到幼苗根部，勿大水漫灌，随水667平方米冲施绛州绿复合生物菌2千克，勿白水空浇，缓苗后4～5叶片时，叶面喷洒

漫灌

管灌

早期秧

植物诱导剂800倍液；或植物修复素，每粒兑水12千克，控秧促果。根部培土，降低夜温。空气湿度保持在65%左右，利于扎深根，授粉受精，坐果增产。

11. 控秧留穗

一般大型果，每穗留1果；小型果留3～6果；用植物诱导剂800倍液或植物修复素，每粒兑水14千克，叶面喷洒，使茎秆间距保持在

中期秧

10～14厘米。

12. 疏花疏果

基施碳素肥充足，一茬目标产量在1万千克左右，可留6～9层果。667平方米栽

早期秧

后期秧

2000株以下，适当多留1～2层；否则，少留果，有效商品果多而丰满，并在结果期注重施天然矿物硫酸钾和绛州绿复合生物菌促果。

13. 整枝留果

一般植株生长到1.7～1.8米，可长6～9层果，而667平方米要产1万～1.5万千克，需留果9～10层果。那么，在门椒以上留3个左右侧枝，每个侧枝留1～3果，可摘掉1～2个弱枝，重复向上整枝，图为河南科技学院教授王广印在给辣椒整枝留果。

14. 温度管理

白天室温控制在20~32℃，20℃以下不通风；前半夜17~18℃，覆盖草苫后20分钟测试温度，低于此温度早放草苫，高于此温度迟放草苫；后半夜9~11℃，过高通风降温，过低保护温度；昼夜温差18~20℃，利于积累营养，产量高，果实丰满。

正常植株

15. 保果防脐腐

高温期（高于35℃），或低温期（低于5℃）钙素移动性很差，易出现大脐果，

夜温过高，水分过大引起的茎秆过长，叶片过大植株

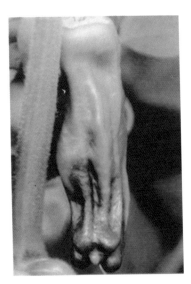

或脐部变褐腐烂或皱。防治办法：叶面喷绛州绿复合生物菌300倍液加植物修复素（每粒兑水15千克）修复果面，或食母生片每15千克水放30粒，平衡植物体营养，供给钙素或过磷酸钙（含钙40%）泡米醋300倍浸出液，叶面喷洒补钙。

16.浇水过多徒长秧处理

浇水过多，根系浅，茎秆过长，叶片软化。用诱导剂控制蔓叶生长，即取50克

原粉，用500克开水冲开，放24～56小时，兑水40千克，在室温达20～25℃时叶面喷洒，不仅控秧徒长，还可防止病毒、真、细菌病危害，提高叶面光合强度0.5～4倍，增加根系数目70%以上。

17.夜温过高徒长秧处理

保护地内栽培辣椒，栽植密度大，夜温高，土壤缺碳、钾肥，极易徒长，产量减半。所以，必须在定植时用

植物诱导剂800倍液灌根，叶片长度大于16厘米，宽度大于6厘米，叶面喷600～700倍液植物诱导剂控制叶片过大茎过长，喷植物修复素打破顶端生长优势，促使营养往下部果实转移，提高产量。

18. 粪害凋萎秧处理

定植前，施入未经生物菌液发酵的鸡、鸭、鹅、鸽粪，因其含5种对作物根叶有伤害的毒物，定植后，到结果初期极易发生根腐死秧。建议务必在栽植前20天施用，667平方米冲入绛州绿复合生物菌2千克预防，一旦有个别株死秧，传染毁种难以弥补。

19. 低温缺硼叶脉皱秧处理

温度低于10℃，高于38℃，植株硼素难以移动吸收，会出现叶脉皱，叶面凹凸不平。故在高、低温期来临前，及早施有机肥+绛州绿复合生物菌，提高地温1～3℃，分解供应土壤中硼素，尽可能满足硼素供应，叶面喷洒硼砂或硼酸700倍水溶液（用40℃温水化开），解除叶皱症状。

20. 粪害僵秧处理

畜禽粪块引起的根际土壤浓度过大，引起僵秧（图中右秧）。处理方法：①将禽粪用绛州绿复合生物菌分解15～20天后再施用。②将粪块粉碎施入。③出现僵秧，用1000倍的生物菌液营养灌根促长。

拌酸碳酸氢铵，用毛笔沾药液在病处一抹即好。

22. 僵秧处理

即使土壤内肥料充足，在杂菌的作用下，也只能利用到20%～24%，植物叶小、上卷，看上去僵硬，生长不良。在碳素有机肥充足的情况下，定植后第一次施生物菌液2千克，以后每次施1千克，可从空气中吸收氮和二氧化碳，分解有机肥中的其他元素，每隔一次施入50%

21. 茎秆皮腐秧处理

土壤和植物营养不平衡，环境湿度高、温度低易使茎秆皮腐变褐。所以应保持通风良好，经常冲施生物菌液和生物有机肥。发现茎腐时，施恒伟达配制150倍的硫酸铜液

的天然矿物硫酸钾24千克，取得高产优质。

23. 解除坠秧

①及时采收下部辣椒和

摘取下部叶片；②浇施绛州绿复合生物菌2千克促长。

24. 弯果处理

①基肥施足碳素有机物，结果期每次冲入绛州绿复合生物菌2千克，另一次冲入天然矿物硫酸钾20千克左右，勿施化学氮磷肥；②在辣椒幼果期，于内弯处涂抹绛州绿复合生物菌500倍液，诱其长直。

25. 虫害防治

①常用复合生物菌，害虫沾着生物菌后自身不能

产生脱壳素会窒息死亡，并能解臭化卵；②用叶面喷洒植物修复素愈合伤口；③在田间施含硅肥避虫，如稻壳灰、赛众－28等；④室内挂

蓟马

甜椒虫害斑点

黄板诱杀，棚南设防虫网；⑤用麦麸2.5千克炒香，拌敌百虫、醋、糖各500克，傍晚分几堆，下填塑料膜，放在田间地头诱杀地下害虫。

26. 病毒病防治

病毒病会导致生长点发黄，叶皱，发硬，根系不长或生长很慢，直至死秧毁种。防治方法：①幼苗期叶面喷800倍液的植物诱导剂，增强植物抗热性和根部抗病毒病的能

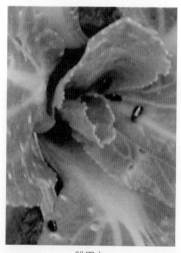

跳甲虫

力；②定植时667平方米冲施绛州绿复合生物菌2千克，平衡营养，化虫；③注重施秸秆、牛粪，少量鸡粪，不施氮磷化肥；④叶面喷植物修复素或田间施赛众-28肥或稻壳肥，利用其中硅元素避虫；⑤选用荷兰耐热耐肥抗病毒病品种。病毒病预防，挂黄板诱杀虫和防虫网，遮阳降温防干旱。

27.土壤浓度过大根腐处理

土壤浓度超过1万毫克/千克，辣椒根茎部会出现反渗透而枯腐。防治办法：①667平方米施畜禽粪不超过8立方米，禽类粪要用绛州绿复合生物菌分解15～20天再施；②发现肥害萎蔫秧，667平方米冲施生物菌液2千克解害。

图中上半部秧为正常株，下半部秧为病毒病株

28. 根结线虫防治

若田间施入没腐熟鸡粪，土壤浓度过大，容易引起根系结瘤，继而引起根结线虫危害。

防治办法：①鸡粪667平

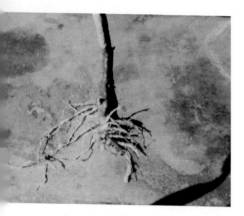

方米用肥撒施2千克生物菌液分解熟化；②施肥过重或发现根结线虫，每次随水冲入每克含淡紫青霉菌20亿的生物菌液4～5千克，平衡土壤营养，抑制根结线虫害。

五、设施介绍

1. 鸟翼形矮后墙长后坡生态温室

跨度8.2～9米（包括后墙底厚1米），高度3米（不包括地平面以下40～50厘米），后墙高1.6米，后屋深1.6米（后坡梁长2.2～2.4米，高18～20厘米，宽13厘

米，预制件立柱内设4根直径为0.5厘米的冷拉丝，立柱高3.4米，如果地平面栽培床深40厘米，还应增长40厘米）。前沿（南边）内切角33°～50°，方位正南偏西7°～9°，长度为70～80厘米，墙厚1米。在北纬40°以

南越冬种植各类蔬菜，均能获得高额产量，冬至前后室内夜温达12℃左右，白天达30℃。此温室2011年2月18日被国家知识产权局认定为专利——一种长后坡矮北墙日光温室。

2. 温室筑墙

3. 钢架竹木结构拱棚

4. 两头砌墙钢架结构大棚

5. 预制立柱竹竿结构拱棚

6. 组装式钢架拱棚

第二节 应用实例图说

1. 段建红温室内栽植2313辣椒667平方米产7550千克

山西省新绛县樊村段建红在温室内栽植辣椒，品种为2313，薄皮螺丝型，中辣品种。8月4日下种，9月16日栽，株距30厘米，行距：大行70厘米，小行50厘米，667平方米栽3200株。施牛粪15方，翌年2月中旬前，有落叶和叶霉病，随水冲入生物菌液5千克，4天见效，花多，长势旺，无死秧现

象，第8天即2月22日收辣椒250千克，3月12日采收400千克，到7月份结束，总产7550千克，收入4.8万元。如定植前施入鸡粪2~3方，结果期追施45%天然矿物硫酸钾50千克，还可增产3000千克。

2. 史永发用生物技术种植荷兰37-72辣椒667平方米产1.5万千克

辽宁省台安县史永发2008年按牛粪+生物菌+钾+植物诱导剂+植物修复素技

合港澳地区及中东国家人群消费。

3. 王应军用生物技术种植越冬丽丽芭彩椒667平方米产8900千克

山东寿光市古城街道办事处顶盖村王应军2007年10月20日定植越冬彩椒，选用丽丽芭品种（黄色），大行80厘米，小行60厘米，株距45～50厘米，667平方米栽2100株，第一茬果单株产1～

术，选用荷兰37－72品种，667平方米栽2000株左右，产辣椒1.5万千克，收入7万余元。

该品种植株生长势强，嫩果淡绿色，长20厘米左右，直径2厘米，微辣，适

1.5千克。到2008年6月2日，第二茬果采收完，单株续产3千克，667平方米共产8900千克，总收入4.6万元。

该品种耐低温弱光，果实硬、方正、色黄亮，连续结果率强，肉厚耐运，单果重280～350克，抗病毒病，精品果多达85%。

左为生物技术生产的朝天椒，单果增重20%；右为化学技术生产的朝天椒

4. 蔺太昌用生物技术种植露地朝天椒667平方米产干椒400千克

山西省新绛县光村蔺太昌2010年在玉米秸秆还田地，667平方米施复合生物菌液2千克，赛众-28钾硅肥25千克，植物诱导剂50克，植物修复素3粒，11月上旬收获，所植辣椒比用化肥、农药的色油红、皮厚，干椒667平方米产330千克，其中2000平方米高产田，合667平方米产干椒400千克，收入4000余元。比对照150～180千克增产60%以上。

5. 刘苏赞用生物技术露地种植朝天椒果丰色亮

2011年广东省台山市森

左手为用生物技术生长的单株情况，右手为用化学技术生长的单株情况

江有机蔬菜公司刘苏赞，采用生物技术，即甘蔗渣+复合生物菌+赛众28钾镁肥+植物诱导剂+植物修复素，667平方米栽4000株，每株着果74个左右，重0.3千克，产含水量40%辣椒1200千克，合干椒400千克（下图为2011年12月31日，摄于广东省台山市森江有机蔬菜公司生产基地）。

格辣椒品种，在温室越冬栽培，667平方米施牛粪3800千克，鸡粪2500千克，玉米秸秆600千克，冲入复合生物菌2千克，定植1800株。幼苗期用1200倍液植物诱导剂叶面喷洒1次，生长中后期分3次施含量50%天然矿物钾100千克，总产辣椒1.3万千克。四头整枝，侧枝着1果后打杈，春节前667平方米植株上挂果1000千克左右，每千克售价

6. 辛宝珍用生物技术种植辣椒667平方米产1.3万千克

2012年山西省新绛县北张村辛宝珍，选用荷兰斯丁

13元，平均价6.2元左右，总产值8万余元。

该品种为羊角形，浓绿色，外表光滑，果肩宽4厘米左右，长20～25厘米，单果重80～120克。用生物技术单果重130～180克，可采收10～12层果，株产6.5～7千克，667平方米1.3万千克左右。

7. 段永奎用生物技术种植辣椒667平方米产1.5万千克

山西省新绛县段永奎2011年秋季在温室内定植荷兰37-79厚皮大辣椒1600株，基施鸡粪10方、恒伟达生物有机肥280千克，结果期随水分4次冲施50%天然矿物钾100千克，667平方米产辣椒1.5万千克，收入5.5万余元。

栽培情况分析：①施半湿态鸡粪1万千克，其中氮、磷过多，若鸡、牛粪各5000千克，土壤不板结，植株

第一次随水冲入5千克，以后每次冲入2千克；鸡粪提前25天用生物菌稀释液喷洒一次，兑水致喷后地面不流水为度；总用51%天然硫酸钾200千克，基施25千克，以后随浇水一次冲生物菌1～2千克，另一次冲入钾肥25千克；幼苗期在苗圃中用1200倍液植物诱导剂叶面喷一次，定植时用800倍液喷一

不徒长，产量会更佳。②如果在苗期施一次800倍液的植物诱导剂，在生长中后期冲一些生物菌液，还有增产空间。

8. 万欢用生物技术种植辣椒667平方米产达2万千克

湖南省常德市田园蔬菜产业园万欢2012年667平方米施稻壳3000千克，鸡粪2000千克，赛众28钾硅肥25千克；总用生物菌液30千克，

次；结果期用植物修复素叶面喷2次（间隔7～10天），采用以色列与加拿大品种自选杂交一代，667平方米栽2000株左右，产辣椒达2万千克，并达到有机蔬菜标准要求。

9. 张红平用生物技术种植辣椒667平方米产1.5万千克

山西省新绛县古交镇中苏村张红平2012年种植夏秋茬辣椒10个棚，品种为"荷兰76"，每棚施鸡、牛粪各8方，恒伟达生物有机肥500千克，生物菌2千克，植物诱导剂粉状50克，按生物技术667平方米目标产量为1.5万千克，在四叶一心时按1200倍液叶面喷1次，定植后按800倍液灌根1次，施50%天然硫酸钾15千克，叶面喷植物修复素1次。到10月9日观察，每株着辣椒15～20个，果形丰，果重1千克左右，12月29日667平方米已产6500千克，无病虫危害，长势好。到2013年7月结果，667平方米总产达1.5万千克。

第二章

科学依据

第一节　有机蔬菜生产的十二平衡

一、有机蔬菜生产四大发现

一是把"农业八字宪法"改为十二平衡；二是把作物生长的三大元素氮、磷、钾改为碳、氢、氧；三是把作物高产主靠阳光改为主靠复合生物菌；四是把琴弦式温室改为鸟翼形生态温室。

二、有机农产品概念

在生产加工过程中不施任何化肥、化学农药、生长刺激素、饲料添加剂和转基因物品，其所产物为有机食品。

三、有机蔬菜生产的十二平衡

有机蔬菜生产的十二平衡即：土、肥、水、种、密、光、温、菌、气、地上与地下、营养生长与生殖生长、环境设施平衡。

1. 土壤平衡

常见的土壤有四种类型。一是腐败菌型土壤。过去注重施化肥和鸡粪的地块，90%都属腐败型土壤，其土中含镰孢霉腐败菌比例占15%以上。土壤养分失衡恶化，物理性差，易产生蛆虫及病虫害。20世纪90年代至现在，特别是在保护地内这类土壤在增多。处理办法是持续冲施复合生物菌。

二是净菌型土壤。有机质粪肥施用量很少，土壤富集抗生素类微生物，如青霉素、木霉素和链霉菌等，粉状菌中镰孢霉病菌只有5%左右。土壤中极少发生虫害，作物很少发生病害，土壤团粒结构较好，透气性差，但作物生长不活跃，产量上不去。20世纪60年代前后，我国这类土壤较为普遍。改良办法为施秸秆、牛粪生物菌等。

三是发酵菌型土壤。乳酸菌、酵母菌等发酵型微生物占优势的土壤富含曲霉真菌等有益菌，施入新鲜粪肥与这些菌结合会产生酸香味。镰孢霉病菌抑制在5%以下。土壤疏松，无机矿物养分可溶度高，富含氨基酸、糖类、维生素及活性物质，可促进作物生长。

四是合成菌型土壤。光合细菌、海藻菌以及固氮菌合成型的微生物群占土壤优势位置，再施入海藻、鱼粉、蟹壳等角质产物，与牛粪、秸秆等透气性好，含碳、氢、氧丰富物结合，能增加有益菌，即放线菌繁殖数量，占主导地位的有益菌能在土壤中定居，并稳定持续发挥作用，既能防止土壤恶化变异，又能控制作物病虫害，产品优质高产，并属于有机食品。

2. 肥料平衡

17种营养物质的作用：碳（主长果实）、氢（活跃根系，增强吸收营养能力）、氧（抑杂菌，作物抗病）、氮（主长叶片）、磷（增加根系数目与花芽分化）、钾（长果抗病）、镁（增叶色，提高光合强度）、硫（增甜）、钙（增硬度）、硼（果实丰满）、锰（抑菌抗病）、锌（内生生长素）、氯（增纤维抗倒伏）、钼（抗旱，20世纪50年代，新西兰因一年长期干旱，牧草矮小不堪，濒临干枯，牛羊饿死无数，在牧场中奇怪地发现有一条1米宽、翠绿浓郁的绿草带，经考察，原来牧场上方有一钼矿，矿工回来所穿鞋底沾有钼矿粉，所踩之处牧草亭亭玉立，长势顽强）、铜（抑菌杀菌，刺激生长，增皮厚度，叶片增绿，避虫）、硅（避虫）、铁（增加叶色）。

3. 水分平衡

不要把水分只看成是水或氢二氧一，各地的地下水、河水营养成分不同，有些地方的水中含钙、磷丰富，不需要再施这类肥；有些地方的水中含有机质丰富，特别是冲积河水；有些水中含有益菌多，不能死搬硬套不考虑水中的营养去施肥，比如茄子喜水，在土壤持水量为60%左右、空气湿度在70%～85%的环境中生长较好。

4. 种子平衡

不要太注重品种的抗病虫害与植物的抗逆性。应着重考虑选择品种的形状、色泽、大小、口味和当地人的消费习惯，就能高产、高效。生态环境决定生命种子的抗逆性和长势，这就是技术物资创新引起的种子观念的变化。

有益菌能改变作物品种种性，能发挥种性原本的增长潜力。恒伟达生物菌由20多种属、80多种微生物组成，能起到解毒消毒的作用，使土壤中的亚硝基、亚硝基胺、硫化氢、胱氨等毒性降解，使作物厌肥性得到解除，增强植物细胞的活性，使有机营养不会浪费，并能吸收空气中的养分，使营养循环利用率增加到200%。植物不必耗能去与毒素对抗而影响生长，并能充分发挥自我基因的生长发育能力，产量就会大幅提高。

5. 稀植平衡

土壤瘠薄以多栽苗求产量，有机生物集成技术稀植方能高产、优质。如过去辣椒667平方米栽6000～9000株左右，现在是2000～3000株；有些更稀，合理稀植产量比过去合理密植产量高1～2倍。

6. 光能平衡

万物生长靠太阳光，阴雨天光合作用弱，作物不生长。现代科学认为此提法不全面。植物沾着植物诱导剂能提高光利用率0.5～4倍，弱光下也能生长。有益菌可将植物营养调整平衡，连续阴天根系也不会太萎缩，天晴不闪秧，庄稼不会大减产。辣椒适宜光照强度范围宽，在1万～6万勒环境中均能生长，但以4万～5万勒效果为好。

7. 温度平衡

大多数作物要求光合作用温度为20～32℃（白天），前半夜营养运转温度为17～18℃，后半夜植物休息温度为10℃左右。唯西葫芦白天要求20～25℃，晚上要求6～8℃，不按此规律管理，要么产量上不去，要么植株徒长。辣椒后半夜开花授粉温度为10～12℃,膨果期温度为7～10℃。

8. 菌平衡

作物病害由菌引起是肯定的，但是菌就会染病是不对的。致病菌是腐败菌，修生菌是有益菌。长期施用有益菌液，可平衡土壤和植物营养，可化虫卵。凡是植株病害是土壤和植物营养不平衡，缺素就染病菌，营养平衡利于有益菌发生发展。有益菌液含芽孢杆菌、酵素菌、乳酸菌、解磷菌、固氮菌等复合菌群，每克含菌数5亿～20亿。其中，芽孢杆菌、固氮菌是非豆科内生和根际土壤内固氮的主要微生物菌剂；解磷菌是为作物供应磷素的主力菌；酵素菌是发酵分解有机物秸秆或粪，为植物可利用的无机碳源以及作物可以直接吸收利用的小分子有机养分，类似于组培营养基的小的有机分子化合物的主力菌。

9. 气体平衡

二氧化碳是作物生长的气体面包，增产幅度达0.8～1倍。过去在硫酸中投碳酸氢铵产生二氧化碳，投一点，增产一点。现在冲入有益菌去分解碳素物，量大浓度高，还能持续供给作物营养，大气中含二氧化碳量330毫克/千克，有益菌也能摄取利用。

10. 地上部与地下部平衡

过去，苗期切方移位"囤"苗，定植后控制浇水"蹲"苗，促进根系发达。现在苗期叶面喷一次1200～1500倍液的植物诱导剂，地上不徒长，不易染病；定植后按600～800倍液灌根一次，地下部增加根系0.7～1倍，地上部秧矮促果大。

11. 营养生长与生殖生长平衡

过去追求根深叶茂好庄稼，现在是矮化栽培产量、质量高。用植物修复素叶面喷洒，每粒兑水14～15千克，能打破作物顶端优势，营养往下转移，控制营养生长，促进生殖生长，果实着色一致、口味佳，含糖度提高1.5～2度。

12. 环境设施平衡

2009年11月10日，我国北方普降大雪，厚度达40～50厘米。据笔者调查，山西省太原市1.2万个琴弦式温室被雪压垮，山西省阳泉市平定县80%的山东式超大棚温室被雪压塌，山西省介休市霜古乡现代农业公司，48栋10米跨度、高4.5米的琴弦式温室内所植各种蔬菜及秧苗全部受冻毁种。

而辽宁省台安县、河北省固安县、河南省内黄县、山西省新绛县（5万余栋）鸟翼形长后坡矮后墙生态温室（该温室1996年获山西省农技承包技术推广一等奖，山西省标准化温室一等奖，新绛县被列为全国标准化温室示范县）完好无损，秧苗无大损伤。近几年，以上地域利用此温室，按有机碳素肥+复合生物菌液+植物诱导剂+钾技术，茄子、黄瓜667平方米产2.5万千克，西红柿产1.5万～2万千克，效果尤佳。

（1）琴弦式温室压垮原因分析：一是棚面呈折形，积雪不能自然滑落，棚南沿上方承受压力过重导致温室的骨架被压垮；二是折形棚面在"冬至"前后与太阳光大致呈直线射进，直光进入温室量大，但散射光及长波光是产生热能的光源，而直射光主要是短波光照，在棚面很少产生热能，只能是照在室内地面反光后变成长波光才生产热能，棚面温度低易使雪凝结聚集在上方而导致温室被压塌。

（2）超大棚温室压垮和秧苗受冻原因分析：一是跨度过大，即棚面呈抛物线拱形，坡度小，中上部积雪不能自然下滑至地面，多积聚在南沿以上处，温室骨架被积雪压坏；二是棚面与地面空间过高，达4.5～5米，地面温度升到顶部对溶雪滑雪影响力不大；三是多数人追求南沿温室内高，人工操作方便致使钢架拱度过大，坡度太小，不利滑雪；四是温室内空间大降温快、升温慢，溶雪期间气温低，室内秧苗易受低温冻害毁种。

（3）鸟翼形生态温室抗灾保秧分析：鸟翼形温室的横切面呈鸟的翅膀形，南沿较平缓，雪可自然下滑至地面；半地下式系栽培床低于地平面40厘米，秧苗根茎部温度略高；空间矮，地面温度可作用到棚顶，使雪融化下滑；因后屋深，跨度较小，白天吸热升温快，晚上室内温度较高，生态温室即"冬至"前后，太阳出来后室内白天气温达30℃左右，前半夜为18℃，后半夜12℃左右，适宜各种喜温性蔬菜越冬生长的昼夜作息温度规律要求，亦可做延秋茬继早春茬两作蔬菜栽培。温室即抗压，可保秧苗安全生长。如果在夜间下雪，只要在草苫上覆一层膜，雪就可自然滑下。

鸟翼形生态温室具有以下特点：

①棚面为弧圆形，总长9.6米，上弦用直径3.2厘米粗的厚皮管材，下弦和W型减力筋为直径11毫米的圆钢，间距为15～24厘米焊接，坚固耐用；②跨度为7.2～8.8米，土壤

鸟翼形长后坡矮北墙日光温室立柱与后屋脊梁连接处造型
（本温室设计2011年获国家知识产权局实用技术专利）

利用效益好，栽培床宽7.25～8.25米；③后屋深1.5～1.6米；坡梁水泥预制长2.15～2.8米，高20厘米，厚12厘米，内设4根冷拉钢丝，冬季室内贮温保温性好；④后墙较矮，高1.6米左右，立柱水泥预制，宽、厚12厘米，高4～4.4米，包括栽培床地平以下40厘米，棚面仰角大，受光面亦大；⑤土墙厚度。机械挖压部分，下端宽4.5米，上端宽1.5米；人工打墙部分，下端厚1～1.3米，上端厚0.8～1米，坚固，不怕雨雪，冬暖夏凉；⑥顶高3.1～3.4米，空间小，抗压力性强，栽培床上无支柱，室内作物进入光合作用快，便于机械耕作；⑦前沿内切角度为30°～32°，"冬至"前后散射光进入量大，升温快，棚上降雪可自动滑下；⑧方位正南偏西5°～

9°，光合作用时间长。可避免正南方位的温室早上有光而温度低，下午适温期西墙挡阳光，均不利于延长作物光合作用时间和营养积累的弊端；⑨长度为74～94米，便于山墙吸热、放热、保秧、耕作和管理。建议各级领导及广大农民，不要片面追求高大宽温室，要讲究安全、高产、优质、高效的设施和低投入、简操作的生产方式。

鸟翼形半地下式生态温室667平方米造价估算：

棚钢架　选直径3.2厘米粗的厚皮管材，下弦与W型减力筋用直径1.2厘米的线材，按跨度7.2米设计，需架长9米，每根做成价126元。间距3.6米，667平方米棚长80米，需钢架22个，合计2772元。

钢丝　直径2.6毫米的钢丝需150千克，合750元。

棚膜　10丝厚的膜需100千克左右，每千克15元，合计1500元。

竹竿　粗头4厘米直径，每根4元；细头2厘米直径，每根2元，各需110根，合计660元。

草苫　稻草苫宽1.2米，厚4～5厘米，长9米，667平方米用80卷，每卷30～40元，合计3200元。

绳　塑料绳长18米，粗1.5厘米，每根4元，160根合计640元。

细钢丝　1.5～1.6毫米粗的钢丝30千克，每千克5.5元，合计165元，固竹竿棚架钢丝用。

预制件立柱　长4米，中间设5根2.2毫米直径的冷拉钢丝，宽厚为12厘米×6.5厘米，24元/根，需33根合计792元。

后坡梁长2米，内置6根4毫米直径的冷拉丝，宽厚7厘米×15厘米，每根16～32元，需33根，预制件合计1320～1848元。

压膜线　1卷100元。

垒山墙　放地锚，后坡上土700元。

其他　建筑工资2560元。机械挖壕3000～6000元，人工打墙1200元。上卷苫机4000元。装自动调温器500元。安装自动卷帘遥控器500元。

（原载北京《蔬菜》2010年第2期）

第二节　有机蔬菜生产的五大要素

一、五大要素

碳素有机肥（牛粪、秸秆或少量鸡粪，每吨35～60元）+绛州绿复合生物菌液（每千克8～10元）+钾（含量51%每50千克200元）+植物诱导剂（每50克25元）+植物修复素（每粒5～8元）=有机食品技术。

（1）决定作物高产的营养是碳、氢、氧，占植物干物质的95%左右。碳素有机质即干秸秆，含碳45%；牛、鸡粪含碳20%～25%，饼肥含碳40%，腐植酸有机肥含30%～50%的碳。碳素物在自然杂菌的作用下只能利用20%～24%，属营养缩小型利用，而在生物菌的作用下利用率达100%。有机碳素物与复合生物菌结合能给益生物繁殖后代提供大量营养，每6～10分钟繁殖一代，其后代可从空气中吸收二氧化碳（含量为330毫克/千克）、氮气（含量为79.1%），能从土壤中分解矿物营养，属营养扩大型利用，可提高到150%～200%。所以，碳素有机肥必须与复合生物菌结合，才能发挥巨大的增产作用。

（2）生物菌可平衡植物体营养，改善作物根际环境，根系发达。作物根与土壤接触，首先遇到的是根际土壤杂菌，用很大的能量与杂病菌抗争，生长自然差。在生物菌与碳素有机肥的根际环境下，根系生长尤其旺盛，可将种性充分发挥出来。经试验，根可增加1倍，果实可增大1倍，产量亦可增多1倍以上。另外，生物菌能将碳、氢、氧等元素以菌丝体形态通过根系直接进入植物体，是光合作用利用有机物的3倍。

（3）钾是长果壮秆的第二大重要元素。长果壮秆的第一大元素是碳，除青海、新疆部分地区的土壤含钾丰富外，多数地区要追求高产，需补钾。按国际公认，每千克钾可长鲜瓜果94～170千克，长全株可食鲜菜244千克左右，长小麦、玉米干籽粒33千克。缺钾地区补钾，产量就能大幅提高。

以上三要素是解决作物生长的外界因素，即营养环境问题，而以下两个要素则是解决内在因素问题。

（1）植物诱导剂可充分发挥植物生物学特性。可提高光合强度0.5～4倍，增加根系0.7～1倍，能激活植物叶片沉睡的细胞，控制茎秆徒长，使植物体抗冻、抗热、抗病虫害。作物不易染病，就能充分发挥作物种性内在免疫及增产作用。该产品系中药制剂，667平方米用50克植物诱导剂，500克开水冲开，放24小时，兑水40～60千克灌根或叶面喷洒。

（2）植物修复素能挖掘出植物基因特性，可愈合病虫害伤口，2天见效，并可增加果实甜度1.5～2度，打破植物顶端优势，使产品漂亮、可口。

二、有机农产品基础必需物资——碳素有机肥

影响现代农业高产优质的营养短板是占植物体95%左右的碳、氢、氧（作物生长的三大元素是碳、氢、氧，占植物体干物质的96%；不是氮、磷、钾，它们只占3%以下）。碳、氢、氧有机营养主要存在于植物残体，即秸秆、农产品加工下脚料，如酿酒渣、糖渣、果汁渣、豆饼和动物粪便等，这些东西在自然界是有限的。而风化煤、草碳等就成了作物高产、优质碳素营养的重要来源之一。

1. 有机质碳素营养粪肥

每千克碳素可长20～24千克新生植物体，如韭菜、菠菜、芹菜；苘子白减去30%～40%外叶，心球可产14～16千克；黄瓜、西红柿、茄子、西葫芦可产果实12～16千克，叶蔓占8～12千克。

碳素是什么，是碳水化合物，是碳氢物，是动、植物有机体，如秸秆等。干玉米秸秆中含碳45%，那么，1千克秸秆可生成韭菜、菠菜等叶类菜10.8千克（24×45%），可长苘子白、白菜7.56千克（24×45%×70%，去除了30%的外叶），可长茄子、黄瓜、西红柿、辣椒等瓜果7.56千克左右（24×45%×70%，去除了30%的叶蔓）。碳素可以多施，与生物菌混施不会造成肥害。

饼肥中含碳40%左右，其碳生成新生果实与秸秆差不多，

牛粪鸡粪中含碳均达25%、羊粪中含碳16%。

（1）牛粪。667平方米施5000千克牛粪含碳素1250千克，可供产果菜7500千克，再加上2500千克鸡粪中的碳素，含量625千克供产果菜3750千克。总碳可供产辣椒、黄瓜、西红柿、茄子果实1万千克左右；那么，可供产叶类菜2万千克左右。

（2）鸡粪。鸡粪中含碳也是25%左右，含氮1.63%，含磷1.5%，667平方米施鸡粪1万千克，可供碳素2500千克，然后这些碳素可产瓜果2500千克×6=15 000千克瓜果产量。但是，这会导致667平方米氮素达到163千克，超过667平方米合理含氮19千克的8倍；磷150千克，超标准要求15千克的10倍，肥害成灾，结果是作物病害重，越种越难种，高质量肥投入反而产量上不去。

（3）秸秆。秸秆中的碳为什么能壮秆、厚叶、膨果呢？

一是含碳秸秆本身就是一个配比合理的营养复合体，固态碳通过复合生物菌生物分解能转化成气态碳，即二氧化碳，利用率占24%，可将空气中的一般浓度300～330毫克/千克提高到800毫克/千克，而满足作物所需的浓度为1200毫升/千克，太阳出来1小时后，室内一般只有80毫克/千克，缺额很大。秸秆中含碳95%被复合达生物菌分解直接组装到新生植物和果实上。再是秸秆本身含碳氮比为80∶1，一般土壤中含碳氮比为8～10∶1，满足作物生长的碳氮比为30～80∶1，碳氮比对果实增产的比例是1∶1。显然，碳素需求量很大，土壤中又严重缺碳。化肥中碳营养极其少，甚至无碳，为此，作物高产施碳素秸秆肥显得十分重要。二是秸秆中含氧高达45%。氧是促进钾吸收的气体元素，而钾又是膨果壮茎的主要元素。再是秸秆中含氢6%，氢是促进根系发达和钙、硼、铜吸收的元素，这两种气体是壮秧抗病的主要元素。三是按生物动力学而言，果实含水分90%～95%，1千克干物质秸秆可供长鲜果秆是10～12千克，植物遗体是招引微生物的载体，微生物具有解磷释钾固氮的作用，还能携带16种营养，并能穿透新生植物的生命物，系平衡土壤营养和植物营养的生命之源。秸秆还能保持土温，透气，降盐碱害，其产生的碳酸还能提高矿物质的溶解度，防止土壤浓度大灼伤根系，抑菌抑虫，提高植物的抗逆性。所以，秸秆加菌液，增产没商量。

其用法为将秸秆切成5～10厘米段，撒施在田间，与耕作层土35厘米左右内充分拌匀，浇水，使秸秆充分吸透水，定植前15天或栽苗后，随浇定植水冲入绛州绿复合生物菌2千克左右。冲生物菌时不要用消毒自来水，不随之冲化学农药和化肥，天热时在晚上浇，天冷时在20℃以上时浇，有条件的可提前3～5天将恒伟达生物菌2千克拌和6～16千克麦麸和谷壳，定植时将壳带菌冲入田间，效果更好。也可以提前1～2个月，将鸡粪、牛粪、秸秆拌和沤制，施前15天撒入恒伟达生物菌。

（4）应用实例。

谭秋林用生物有机钾肥种植草莓667平方米收入4.5万元。河北省石家庄市栾城县柳林屯乡范台村谭秋林，2008年在温室里种植草莓667平方米，施鸡粪8方，用有益生物菌分解，结果期追施俄罗斯50%硫酸钾30千克，产草莓2250千克，每千克售价20元。到2009年3月10日，出现干边症，每次浇水追施生物菌液2千克解症。建议今后施鸡粪、牛粪各4方，产量更高。结果期在叶面喷施植物修复素1～2次，着色及甜度更佳。

沈初开用生物技术果菜产量翻番。福建省诏安县白洋乡旧庙村沈初开种植供港澳蔬菜2000余亩，2011年按有机肥+生物菌液+植物诱导剂+钾+植物修复素技术生产有机蔬菜，他说效果有天壤之别，其中番茄、辣椒产量均比过去化学技术翻番，辣椒用生物技术健壮、果色好，对照40%，死秧，番茄丰满、色艳、个大、果形正、耐贮运，货架期长。

德杰用生物技术大姜增产1500~2600千克。山东省昌邑县德杰大姜农民专业合作社2009年发展大姜600公顷，按碳素肥有机肥+生物菌液+植物诱导剂+钾技术，667平方米产大姜4800余千克，比用化肥、农药增产1500～2600千克，增收3000～5000元。最高667平方米收入达5万余元。

光天锁用生物技术半夏增产增收78%。2009年，山西省新绛县西行庄光天锁，露地种植半夏1400平方米，667平方米施秸秆堆肥4立方，赛众28钾硅矿物肥25千克，生物菌液2千克，667平方米产337千克，比用化肥、农药节支135元，增产145千克，每千克批发价10.4元，增产增收78%，收入3500余元，没发生根结线虫，产品符合有机中草药材标准要求。

2. 恒伟达生物有机肥对作物有七大作用

（1）胡敏酸对植物生长的刺激作用。腐植酸中含胡敏酸38%，用氢氧化钠可使胡敏酸生成胡敏酸钠盐和铵盐，施入农田能刺激植物根系发育，增加根系的数目和长度。根多而长，植物就耐旱、耐寒、抗病，生长旺盛。作物又有深根系主长果实，浅根系主长叶蔓的特性，故发达的根系是决定作物丰产的基础。

（2）胡敏酸对磷素的保护作用。磷是植物生长的中量元素之一，是决定根系的多少和花芽分化的主要元素。磷素是以磷酸的形式供植物吸收的，一般当时当季利用率只有15%～20%，大量的磷素被水分稀释后失去酸性，被土壤固定，失去被利用的功效，只有同绛州绿复合生物菌结合，穴施或条施才能持效。腐植酸肥中的胡敏酸与磷酸结合，不仅能保持有效磷的持效性，而且能分解无效磷，提高磷素的利用率。无机肥料过磷酸钙施入田间极易氧化失去酸性而失效，利用率只有15%左右。腐植酸有机肥与磷肥结合，利用率提高1～3倍，达30%～45%，每667平方米施50千克腐植酸肥拌磷肥，相当于100～120千克过磷酸钙。肥效能均衡供应，使作物根多、蕾多、果实大、籽粒饱满，味道好。

（3）提高氮碳比的增产作用。作物高产所需要的氮碳比例为1：30，增产幅度为1：1。近年来，人们不注重碳素有机肥投入，化肥投量过大，氮碳比仅有1：10左右，严重制约着作物产量。腐植酸肥中含碳为45%～58%，增施腐植酸肥，作物增产幅度达15%～58%。2008年，山西省新绛县孝义坊村万青龙，将红薯秧用植物诱导剂800倍液沾根，栽在施有50%的腐植酸肥的土地上，一株红薯长到51千克。由此证明，碳氮比例拉大到80：1，产量亦高。

（4）增加植物的吸氧能力。恒伟达生物有机肥是一种生理中性抗硬产品，与一般硬水结合一昼夜不会产生絮凝沉淀，能使土壤保持足氧态。因为根系在土壤19%含氧状态下生长最佳，有利于氧化酸活动，可增强水分营养的运转速度，提高光合强度，增加产量。腐植酸肥含氧31%～39%。施入田间时可疏松土壤、贮氧吸氧及氧交换能力强。所以，腐植酸肥又被称为呼吸肥料和解碱化盐肥料，足氧环境可抑制病害发生、发展。

（5）提高肥效作用。恒伟达生物有机肥生产采用新技术，使多种有效成分共存于同一体系中，多种微量元素含量在10%左右，活性腐植酸有机质53%左右。大量试验证明，综合微肥的功效比无机物至少高5倍，而叶面喷施比土施利用率更高。腐植酸肥含络合物10%以上，叶面或根施都是多功能的，能提高叶绿素含量，尤其是难溶微量元素发生螯合反应后，易被植物吸收，提高肥料的利用率。所以，腐植酸肥还是解磷固氮释钾肥料。

（6）提高植物的抗虫抗病作用。恒伟达生物有机肥中含芳香核、羰基、甲氧基和羟基等有机活性基因，对虫有抑制作用，特别是对地蛆、蚜虫等害虫有避忌作用，并有杀菌、除草作用。腐植酸肥中的黄腐酸本身有抑制病菌的作用，若与农药混用，将发挥增效缓释能力。对土传菌引起的植物根腐死株，施此肥可杀菌防病，也是生产有机绿色产品和无土栽培的廉价基质。

（7）改善农产品品质的作用。钾素是决定产量和质量的中量元素之一。土壤中的钾存在于长石、云母等矿物晶格中，不溶于水，含这类无效钾为10%左右，经风化可转化10%的缓性有效钾，速效钾只占全钾量的1%～2%，经腐植酸有机肥结合可使全钾以速效钾形态释放出80%～90%，土壤营养全，病害轻。腐植酸肥中含镁量丰富。镁能促进叶面光合强度，植物必然生长旺，产品含糖度高，口感好。腐植酸肥对植物的抗旱、抗寒等抗逆作用，对微量元素的增效作用，对病虫害的防治和忌避作用，以及对农作物生育的促进作用，最终表现为改进产品品质和提高产量。生育期注重施该肥，产品可达到出口有机食品标准要求。

目前河南省生产的"抗旱剂一号"，新疆生产"旱地龙"，北京生产的"黄腐酸盐"，河北生产的"绿丰95"、"农家宝"，美国产的"高美施"等均系同类产品，且均用于叶面喷施。叶用是根用的一种辅助方式，它不能代替根用。腐植酸有机肥是目前我国唯一的根施高效价廉的专利产品。山西新绛县恒伟达生物农业科技有限公司（13703594428）生产的绛州绿生物有机肥利用以上七大优点，增添了有益菌、钾等营养平衡物与作物必需的大量元素，生产出一种平衡土壤营养的复合有机肥，通过在各种作物上作为基肥使用，增产幅度为15%～54%，投入产出比达1：9。如与生物菌、钾、植物诱导剂结合，产量可提高0.5～3倍。

（8）建议应用方法。腐植酸即风化煤产品30%～50%+鸡、牛粪或豆饼各15%～30%，每60～100吨有机碳素肥用复合生物菌1吨处理后做基肥使用，并配合50%天然矿物硫酸钾，按每千克供产叶菜150千克，产果瓜菜80千克，产干籽粒，如水稻、小麦、玉米0.8千克投入（这3个外因条件必须配合）。另外，每667平方米用植物诱导剂50克，按800倍液拌种或叶面喷洒、灌根，来增强作物抗热、抗冻、冻病性，提高叶片的光合强度，控秧蔓防徒长，增根膨果。用植物修复素来打破植物生长顶端优势，营养往下部果实中转移，提高果实含糖度1.5～2度，打破沉睡的叶片细胞，提高产品和品质效果明显。

有机农产品出口日本、韩国、俄罗斯及中东国家，在中国香港、澳门等地也备受欢迎。

（9）应用实例。2010年，河南省开封市尉氏县寺前刘村刘建民，按牛粪、绛州绿生物有机肥压碱保苗，植物诱导剂控秧促根防冻，有益菌发酵腐植酸肥，增施钾膨果、植物修复素增甜增色，蔬菜漂亮，应用这套技术，拱棚西红柿增产0.5～1倍。

2010年，山西省新绛县北古交村黄庆丰，温室茄子用碳素肥＋生物菌＋钾＋植物诱导剂，667平方米一茬产茄果2万千克，收入4万元左右。

三、有机农产品生产主导必需物资——壮根生物菌液

食品从数量、质量上保证市场供应，是民生和"三农"经济低投入、高产出的注目点。利用整合技术成果发展有机农业已成为当今时代的潮流。笔者总结的"碳素有机肥（如秸秆、畜禽粪、腐植酸肥等）＋复合生物菌液＋天然矿物硫酸钾＋植物诱导剂＋植物修复素等技术＝农作物产量翻番和有机食品"，2010年，山西省新绛县立虎有机蔬菜专业合作社在

该县西行庄、南张、南王马、西南董、北杜坞、黄崖村推广应用，辣椒一年一作667平方米产1万～2万千克。

其中，生物菌液在其中起主导作用，该产品活性益生菌含量高、活跃，其应用好处有：①能改善土壤生态环境，根系免于杂、病菌抗争生长，故顺畅而发育粗壮，栽秧后第二天见效。②能将畜禽粪中的三甲醇、硫醇、甲硫醇、硫化氢、氨气等对作物根叶有害的毒素转化为单糖、多糖、有机酸、乙醇等对作物有益的营养物质。这些物质在蛋白裂解酶的作用下，能把蛋白类转化为胨态、肽态可溶性物，供植物生长利用，产品属有机食品。避免有害毒素伤根伤叶，作物不会染病死秧。③能平衡土壤和植物营养，不易发生植物缺素性病害，栽培管理中几乎不考虑病害防治。④土壤中或植物体沾上恒伟达生物菌，就能充分打开植物二次代谢功能，将品种原有的特殊风味释放出来，品质返璞归真，而化肥是闭合植物二次代谢功能之物质，故作用产品风味差。⑤能使害虫不能产生脱壳素，用后虫会窒息而死，减少危害，故管理中虫害很少，几乎不大考虑虫害防治。⑥能将土壤有机肥中的碳、氢、氧、氮等营养以菌丝残体的有机营养形态供作物根系直接吸收，是光合作用利用有机质和生长速度的3倍，即有机物在自然杂菌条件下的利用率20%～24%，可提高到100%，产量也就能大幅度增加。⑦能大量吸收空气中的二氧化碳（含量为330毫克/千克）和氮（含量为79.1%），只要有机碳素肥充足，复合生物菌撒在有机肥上，就能以有机肥中的营养为食物，大量繁殖后代（每6～20分钟生产一代），便能从空气中吸收大量作物生长所需的营养，由自然杂菌吸收量不足1%提高到3%～6%，也就满足了作物生长对氮素的需求，基本不考虑再施化学氮肥。⑧复合生物菌能从土壤和有机肥中分解各种矿物元素，在土壤缺钾时，除补充一定数量的钾外（按每50%天然矿物硫酸钾100千克，供产鲜瓜果8000千克、供产粮食800千克投入，未将有机肥及土壤中原有的钾考虑进去），其他营养元素就不必考虑再补充了。⑨据中国农科院研究员刘立新研究，生物菌分解有机肥可产生黄酮、氢肟酸类、皂苷、酚类、有机酸等是杀杂、病菌物质。分解产生胡桃酸、香豆素、羟基肟酸能抑草杀草。其产物有葫芦素、卤化萜、生物碱、非蛋白氨基酸、生氰糖苷、环聚肽等物，具有对虫害的抑制和毒死作用。⑩能分解作物上和土壤中的残毒及超标重金属，作物和田间常用复合生物菌或用此菌生产的有机肥，产品能达到有机食品的标准要求。2008—2010年山西省新绛县用此技术生产的蔬菜供应深圳、香港与澳门地区及中东国家，在国内外化验全部合格。⑪梅雨时节或多雨区域，作物上用复合生物菌，根系遇连阴天不会太萎缩，太阳出来也就不会闪苗凋谢死秧，可增强作物的抗冻、抗热、抗逆性，与植物诱导剂（早期用）和植物修复素（中后期可用）结合施用，真、细菌病害，病毒病不会对作物造成大威胁，还可控秧促根，控蔓促果，提高光合强度，促使产品丰满甘甜。⑫田间常冲生物菌液，能改善土壤理化性质，化解病虫害的诱生源，防止作物根癌发生发展（根结线虫）。⑬盐碱地是缺有机质碳素物和生物菌所致，将二者拌和施入作物根下，就能长庄稼，再加入少量矿物钾，3个外因能满足作物高产优质所需的大量营养，加上在苗期用植物诱导剂，中后期用植物修复素增强内因功能，作物就可以实现优质高产了。

理论和实践均证明，农业上应用生物技术成果的时机已经到来，综合说明复合生物菌是有机农产品生产的主导必要物资，能量作用是巨大的，哪里引爆哪里就有收获。

四、土壤保健瑰宝——赛众28钾硅调理肥

赛众28钾硅调理肥是一种集调理土壤生物系统和物质生态营养环境于一身的矿物制剂，已经北京五洲恒通认证公司认定为有机农产品准用物资。

其主要营养成分是：含硅42%，施入田间可起到避虫作用；含天然矿物速效钾8%，起膨果壮秆作用；含镁3%，能提高叶片的光合强度；含钼对作物起抗旱作用；含铜、锰可提高作物抗病性；含多种微量和稀土元素可净化土壤和作物根际环境，招引益生菌，从而吸附空气中的营养，且能打开植物次生代谢功能，使作物果实生长速度加快，细胞空隙缩小，产品质地密集，含糖度提高，上架期及保存期延长，能将品种特殊风味素和化感素释放出来，达到有机食品标准的要求。

防治各种作物病的具体用法：

作物发生根腐病、巴拿马病。根据植株大小施赛众28肥料若干，病情严重的可加大用量，将肥料均匀撒在田间后深翻，施肥后如果干旱就适量浇水。

作物发生枯萎病。在播种前结合整地667平方米施赛众肥料50～75千克，病害较重田块要加大肥量25千克，苗期后

在叶面连续喷施赛众28肥液5～8次即可防病。

作物遭受冻害、寒害。发现受害症状，立即用赛众28浸出液喷施在叶面或全株，连续5次以上，可使受害的农作物减轻危害，尽快恢复生长。

作物发生流胶病。在没有发病的幼苗施赛众28肥料可避免病害发生。已发病作物，根据发病程度和苗情一般667平方米施20千克左右，若发病重则适当增施。

作物发生小叶、黄叶病。每667平方米田间施25千克赛众28肥料，大秧和发病重的增至40千克，同时叶面喷施赛众28肥液，每5天喷1次，连续喷施5次以上。

防治重茬障碍病。瓜、菜类作物根据重茬年限在（播）栽前结合整地，667平方米施赛众28肥料25～50千克，同时用赛众28拌种剂拌种或肥泥蘸种苗移栽。补栽时每个栽植坑用肥少许，撒在挖出的土和坑底搅匀，再用赛众28拌种剂肥泥蘸根栽植。

腐烂病防治。在全园撒施赛众28肥料的基础上，用1份肥料与3份土混合制成的肥泥覆盖病斑，用有色塑膜包扎即可。

农作物遭受除草剂或药害后的解救法。发现受害株后立即用赛众28肥料浸出液喷施受害作物，5天喷1次，连续喷洒5～7次即可，能使作物恢复正常生长。在叶面上喷植物修复素也可解除除草剂药害。

叶面喷洒配制方法。5千克赛众肥料＋水＋食醋，置于非金属容器里浸泡3天，每天搅动2～3次，取清液再加25千克清水即可喷施。一次投肥可连续浸提5～8次，以后加同量水和醋，最后把肥渣施入田间。浸出液可与酸性物质配合使用。

五、提高有机农作物产量的物质——植物诱导剂

植物诱导剂是由多种有特异功能的植物体整合而成的生物制剂，作物沾上植物诱导剂能使植物抗热、抗病、抗寒、抗虫、抗涝、抗低温弱光，防徒长，作物高产、优质等，是有机食品生产准用投入物（2009年4月4日被北京五洲恒通有限公司认证，编号为GB/T 19630.1—2005）。

据内蒙古万野食品有限公司2007年2月28日化验，叶面喷过植物诱导剂的番茄果实中含红色素达6.1～7.75毫克/100克，较对照组3.97～4.42毫克/100克增加了58%～75.3%（红色素系抗癌、增强人体免疫力的活力素）。所以，植物诱导剂喷洒在作物叶片上就可增加番茄红色素2～3倍。同时番茄挂果成果多，可减少土壤中的亚硝酸盐含量，只有22～30毫克/千克，比国家标准40毫克/千克含量也降低了许多，同时，食品中的亚硝酸盐含量也降低了许多。另据甘肃省兰州市榆中绿农业科技发展公司高国飞、张安德，2000年12月21日化验，黄瓜用过植物诱导剂后，其叶片净光合速率是对照组的3.63～5.31倍。

植物诱导剂被作物接触，光合强度增加50%～91%（国家GPT技术测定），细胞活跃量提高30%左右，半休眠性细胞减少20%～30%，从而使作物超量吸氧，提高氧利用率达1～3倍，这样就可减少氮肥投入，同时再配合施用生物菌吸收空气中的氮和有机肥中的氮，基本可满足80%左右的氮供应，

如果667平方米有机肥施量超过10方，鸡、牛粪各5方以上，在生长期每隔一次随浇水冲入复合生物菌液1～2千克，就可满足作物对钾以外的各种元素的需求了。

作物使用植物诱导剂后，酪氨酸增加43%，蛋白质增加25%，维生素增加28%以上，就能达到不增加投入、提高作物产量和品质的效果。

光合速率大幅提高与自然变化逆境相关，即作物沾上植物诱导剂液体，幼苗能抗7～8℃低温，炼好的苗能耐6℃低温，免受冻害，特别是花芽和生长点不易受冻。2009年，河南、山西省出现极端低温-17℃，连阴数日后，温室黄瓜出现冻害，而冻前用过植物诱导剂者则安然无恙。

因光合速率提高，植物体休眠的细胞减少，作物整体活动增强，土壤营养利用率提高，浓度下降，使作物耐碱、耐盐、耐涝、耐旱、耐热、耐冻。光合作物强、氧交换能量大，高氧能抑菌灭菌，使花蕾饱满，成果率提高，果实正、叶秆壮而不肥。

作物产量低，源于病害重，病害重源于缺营养素，营养不平衡源于根系小，根系小源于氢离子运动量小。作物沾上植物诱导剂，氢离子会大量向根系输送，使难以运动的钙、硼、硒等离子活跃起来，使作物处于营养较平衡状态，作物不仅抗病虫侵袭性强，且产量高，风味好，还可防止氮多引起的空心果、花面果、弯曲果等。这就是植物诱导剂与相应物质匹配增产优异的原因。

一是因为碳素物是作物生长的三大主要元素，在作物干物质中占45%左右，应注重施碳素有机肥。二是因为恒伟达生物菌与碳素物结合，益生菌有了繁殖后代的营养物，碳素物在益生菌的作用下，可由光合作用利用率的20%～24%提高到100%，76%～80%营养物是通过根系直接吸收利用，所以作物体生长就快，可增加2～3倍，我们要追求果实产量，就要控制茎秆生长，提高叶面的光合强度，植物诱导剂就派上用场，能控秧促根，控蔓促果，使叶茎与果实由常规下的5∶5改变为3～4∶6～7，果实产量也就提高20%～40%。

植物诱导剂1200倍液，在蔬菜幼苗期叶面喷洒，能防治真、细菌病害和病毒病，特别是西红柿、西葫芦易染病毒病，早期应用效果较好。作物定植时按800倍液灌根，能增加根系0.7～1倍，矮化植物，营养向果实积累。因根系发达，吸收和平衡营养能力强，一般情况下不沾花就能坐果，且果实丰满漂亮。

生长中后期如植物株徒长，可按600～800倍液叶面喷洒控秧。作物过于矮化，可按2000倍液叶面喷洒解症。因蔬菜种子小，一般不作拌种用，以免影响发芽率和发芽势。粮食作物每50克原粉沸水冲开后配水至能拌30～50千克种子为准。

具体应用方法：取50克植物诱导剂原粉，放入瓷盆或塑料盆（勿用金属盆），用500克开水冲开，放24～48小时，兑水30～60千克，灌根或叶面喷施。密植作物如芹菜等可667平方米放150克原粉用1500克沸水冲开液随水冲入田间，稀植作物如西瓜667平方米可减少用量至原粉20～25克。气温在20℃左右时应用为好。作物叶片蜡质厚如甘蓝、莲藕，可在母液中加少量洗衣粉，提高黏着力，高温干旱天气灌根或叶面喷后1小时浇水或叶面喷一次水，以防植株过于矮化并提高植物诱导剂效果。植物诱导剂不宜与其他化学农药混用，而且用过植物诱导剂的蔬菜抗病避虫，所以也就不需要化学农药。

用过植物诱导剂的作物光合能力强，吸收转换能量大，故要施足碳素有机肥，按每千克干秸秆长叶菜10~12千克，果菜5~6千克投入，鸡、牛粪按干湿情况酌情增施。同时增施品质营养元素钾，按50%天然矿物钾100千克，产果瓜8000千克，产叶菜1.6万千克投入，每次按浇水时间长短随水冲施10~25千克。每间隔一次冲施恒伟达生物菌1~2千克，提高碳、氢、氧、钾等元素的利用率。

2010年，新绛县南王马村和襄汾县黄崖村用生物技术，夏秋西红柿667平方米产1万~2万千克，而对照田全部感染病毒病而拔秧。

六、作物增产的"助推器"——植物修复素

每种生物有机体内都含有遗传物质，这是使生物特性可以一代一代延续下来的基本单位。如果基因的组合方式发生变化，那么基因控制的生物特性也会随之变化。科学家就是利用了基因的这种可以改变和组合的特点来进行人为操纵和修复植物弱点，以便改良农作物体内的不良基因，提高作物的品质与产量。

植物修复素的主要成分：

B-JTE泵因子、抗病因子、细胞稳定因子、果实膨大因

子、钙因子、稀土元素及硒元素等。

作用：具有激活植物细胞，促进分裂与扩大，愈伤植物组织，快速恢复生机；使细胞体积横向膨大，茎节加粗，且有膨果、壮株之功效，诱导和促进芽的分化，促进植物根系和枝杆侧芽萌发生长，打破顶端优势，增加花数和优质果数；能使植物体产生一种特殊气味，抑制病菌发生和蔓延，防病驱虫；促进器官分化和插、栽株生根，使植物体扦插条和切茎愈伤组织分化根和芽，可用于插条砧木和移栽沾根，调节植株花器官分化，可使雌花高达70%以上；平衡酸碱度，将植物营养向果实转移；抑制植物叶、花、果实等器官离层形成，延缓器官脱落、抗早衰，对死苗、烂根、卷叶、黄叶、小叶、花叶、重茬、落铃、落叶、落花、落果、裂果、缩果、果斑等病害症状有明显特效。

功能：打破植物休眠，使沉睡的细胞全部恢复生机，能增强受伤细胞的自愈能力，创伤叶、茎、根迅速恢复生长，使病害、冻害、除草剂中毒等药害及缺素症、厌肥症的植物24小时迅速恢复生机。

提高根部活力，增加植物对盐、碱、贫瘠地的适应性，促进气孔开放，加速供氧、氮和二氧化碳，由原始植物生长元点逐步激活达到植物生长高端，促成植物体次生代谢。植物体吸收后8小时内明显降低体内毒素。使用本品无须担心残留超标，是生产绿色有机食品的理想天然矿物物质。

用法：可与一切农用物资混用，并可相互增效1倍。

适用于各种植物，平均增产20%以上，提前上市，糖度增加 2 度左右，口感鲜香，果大色艳，保鲜期长，耐贮运。

育苗期、旺长期、花期、坐果期、膨大期均可使用，效果持久，可达30天以上。

将胶囊旋转打开，将其中的粉末倒入水中，每粒兑水14～30千克叶面喷施，以早晚20℃左右时喷施效果为好。

总而言之，应用五大要素整合创新技术，可以使土壤健康，从而打开植物的二次代谢功能，提高产量。

西方观念对疾病的处理态度是清除病毒病菌，从用西药到切除毒物均是缘于这种观念，所以在生产有机蔬菜上是讲干净环境，无大肠菌，从用化肥、化学农药到禁用化学农药与化肥，在作物管理上是跟踪、监控、检测，产量自然低，品质自然差。

中国人的观念是对病进行调理，人与自然要和谐相处，包括病毒、病菌、抗生素和有益菌。所以，中国式传统农业是有机肥+轮作倒茬，土壤和植物的保健作业。在生产有机食品上的现代做法是，碳素有机肥+恒伟达生物菌+植物诱导剂+赛众28等。主次摆正，缺啥补啥，扬长补短。

在栽培管理上，注重中耕伤根、环剥伤皮、打尖整枝伤秧、利用有益菌等，打开植物体二次代谢功能而增产，保持产品的原有风味。

中国农业科学院土肥所刘立新院士从2000年开始提出用农业生产技术措施，在生产有机农业产品上意义重大。他提出"植物营养元素的非养分作用"，就是说，作物初生根对土壤营养的吸收利用是有限的，而通过育苗移栽，适当伤根，应用有益生物菌等作物根系吸收土壤营养的能力是巨大的，这就是植物次生代谢功能的作用。

用有益菌发酵分解有机碳素物，是选择特殊微生物，让作物发挥次生代谢作用，可以实现营养大量利用和作物高产优质。比如，秸秆、牛粪、鸡粪施在田间后，伴随冲施恒伟达生物菌，作物体内营养在光合作用大循环中，将没有转换进入果实的营养，在没有流向元点时，中途再次进入营养循环系统去积累生长果实，即二次以后不断进行营养代谢循环，就能提高碳素有机物利用率1～3倍，即增产1～3倍。

作物缺氮不能合成蛋白质，也就不能健康生长，影响产量。施氮，其中的硝酸盐、亚硝酸盐污染作物和食品，使生产有机食品成为一个难题。而用恒伟达生物菌+氨基酸与有机碳素物结合，成为生物有机肥，可以吸收空气中的氮和二氧化碳，解决作物所需氮素营养的40%～80%，加之有机肥中的氮素营养，就能满足作物高产优质对氮的需要。在缺钾的土壤中施钾；用植物诱导剂控秧促根，可提高光合强度，激活叶面沉睡的细胞；复合生物菌在碳素有机肥的环境中，扩大繁殖后代，可比对照增产1～5倍；其中的原因就是复合生物菌起到了植物二次代谢物质充足供应的重要作用。

有机肥内的腐植质中含有百里氢醌，能使土壤溶液中的硝酸盐在有益微生物菌活动期间提供活性氢，在加氢反应后还原成氨态氮，不产生和少产生硝酸盐，植物体内不会大量积累这类物质，土壤健康，植物就健康；食品安全，人体食用后也就健康。

土壤中有了充足的碳素有机肥、复合生物菌和赛众28矿物营养肥，土壤就呈团粒结构良好型、含水充足型、抗逆型、含控制病虫害物质型。

其中，分解物类有黄酮、氢肟酸类、皂苷、酚类、有机酸等有杀杂菌作用的物质；分解产生的胡桃酸、香豆素、羟基肟酸能杀死杂草；其产物中有葫芦素、卤化萜、生物碱、非蛋白氨基酸、生氰糖苷、环聚肽等物质，具有对虫害的抑制和毒死作用。

碳素有机肥在有益菌的作用下，与土壤、水分结合，使植物产生次生代谢作用形成氨基酸，氨基酸又能使植物产生丰富的风味物质，即芳香剂、维生素P、有机酸、糖和一萜类化合物，从而使农产品口感良好，释放出品种特有的清香酸甜味。

日本专家认为，过去土壤管理存在失误，被非科学"道理"忽悠着，钱花了、色绿了、作物长高了，产量却徘徊不前，甚至品质下降了，病虫害加重了。化学物的施用，成本高了、污染重了，农业生产出次品，人吃带毒食品，后代健康受到巨大影响。

土壤中凡用过化肥、化学农药的，其作物就具有螯合的中微量元素，即具有供应电子和吸收电子功能，导致元素间互相拮抗，从而闭合植物的次生代谢功能，自然营养利用率就低。而给土壤投入恒伟达生物菌和赛众28矿物营养肥，打开作物次生代谢之门，就会形成大量的化感物质和风味物质，栽培环境就成为生命力强的土壤健康状态。

第三节　实例分析

1. 段永奎用生物技术种植辣椒667平方米产1.5万千克

如前所述（本书第46页），山西省新绛县段永奎，2011年秋季在温室内定植荷兰37-79厚皮大辣椒1600株，667平方米产辣椒1.5万千克，收入5.5万余元。段永奎先生的具体做法是：

温室栽培辣椒，要把握昼夜温差达18℃，用植物诱导剂控秧促果，施碳素牛粪或秸秆肥增产，追施钾肥提高品质，浇施生物菌增强抗病性。其栽培管理技术是：

茬口安排　在7月初下种，8月中旬扣棚膜定植，11月中旬扣小棚膜，下旬盖草苫，11～12月上旬，门椒、对椒、四门斗陆续采收上市，12月中下旬满天星长成后，挂在果枝上，存放到2月份，即春节前后上市，一次性将大果采收。667平方米产1200千克，每千克12元，收入14 000元左右。3～5月份，4～6天采收1次，每次采果300千克，续产11 000千克，每千克3.2元，收入3.5万元左右，6月份之后还可产4300千克左右，每千克1.7元，收入7300元，总收入4.23万元。

品种选择　温室栽培辣椒，应选择早熟、生长快、耐低温弱光、抗热抗疫病的品种，如早熟、耐弱光、耐寒的荷兰37-79。

荷兰37-79厚皮大辣椒　单果重120～180克，长25～37厘米，横径2.2厘米，果实淡绿色，形状好。耐寒、抗病毒病和炭疽病，每穴1株，667平方米栽1700～2200株，株产5千克，共产1万～1.5万千克。

育苗技术　选择地势高、排水方便、不窝风前茬非瓜类、茄果类的地块育苗。畦宽1.2米，长不限，667平方米备苗床地60平方米，畦土深翻晾晒。施腐熟牛粪或腐植酸肥3成（250千克），生物菌液500克，磷酸二氢钾1千克，硫酸锌0.1千克。整平踏实，延秋茬按3000株备苗，淘汰30%，浇一透水（4厘米深），按8厘米见方划格或用8厘米直径的营养钵、纸袋育苗，每方钵（内播2～3粒子），覆细土0.5厘米即可。延秋茬用冷水，早春茬用55℃热水浸种，边倒水边搅拌。30℃时浸泡种子30分钟，捞起，延秋茬用300液高锰酸钾水浸15分钟，防治病毒病；早春茬用200倍的硫酸铜浸泡15分钟防治疫病。然后再用清水冲洗一遍，放置30℃处催芽，待70%露白播种。延秋辣椒育苗必备挡雨遮阴设备，用竹竿或支架搭起拱棚，顶部覆盖旧膜挡雨，防止雨水传染病毒病。四周敞开，保证通风透气，并设防虫网或窗纱网，防止虫传病毒。高温期膜上撒泥水，盖树枝或遮阳网挡光降温，幼苗期喷700倍硫酸锌，高温期喷1000倍的硼、钙营养素或者用1500倍液的植物诱导剂在三叶一心时叶面喷洒，防治病毒病和生长点萎缩干枯。

播种方法　点播、穴播育苗，667平方米播籽量2000粒左右，定植1800～2100株。大行80厘米，小行60厘米，株距45～50厘米，起垄栽培。

土壤　选好土壤土质，过黏掺沙，过沙增施有机肥，偏盐碱施牛粪，偏酸施石灰。透气性达19%。

基肥　牛粪4000千克，鸡粪2000千克，生物有机肥50～60千克，赛众28肥25千克，天然矿物钾20千克，复合生物菌液1千克。追肥为45%天然矿物钾150千克，每次10～24千克。复合生物菌液15千克，每次随水冲1千克，不需要再施其他化学肥料。

追肥　按时定苗、中耕除草、喷施叶面肥，幼苗期叶面喷一次1200～1500倍液植物诱导剂，防治病毒病，提高抗逆性，定植时用800倍液的植物诱导剂灌根，促进根蘖力，提高光合强度，控制植株徒长。结果期667平方米施45%天然矿物钾10～20千克或每克含量20亿以上复合生物菌液1～2千克，平衡土壤营养，促使植物吸收空气中的二氧化碳和氮，分解土壤中的磷、钙等矿物元素，分解和保护有机肥中的营养，供植物均衡吸收，预防各种病害。

病虫害防治　符合《绿色食品农药使用准则》，可用苦碜碱、植物诱导剂、超敏植物蛋白，允许使用石灰、硫酸铜制剂，667平方米不超过600克。栽时用硫酸铜拌碳铵防疫病，浇施硫酸锌1千克防病毒病。

浇水　管理中保持空气干燥，以滴灌为好，方可达到有机产品和高产要求。

延秋茬苗期不缺水，防止干燥引起病毒病；早春茬苗期不积水，防止高温缺氧沤根引起疫病蔓延。高垄定植，栽后用植物诱导剂灌根，增加根系70%～100%，开花结果前控水蹲苗，防止根浅秧旺。盛果期见干见湿，空气湿度65%～75%。

定植　一般大行40厘米，小行30厘米，株距26～27厘米，合理稀植，便于矮化管理，控秧促果，定植后个别苗小，用1000倍液的硫酸锌灌根，5～7天苗可赶齐。

温度管理　白天22～30℃，前半夜17～18℃，后半夜开花期13℃左右，结果期10℃左右。

早春苤栽后盖地膜反光，弱光期掀膜，强光期遮阳，可提高产量34%左右。

有光时，在保证棚温25℃左右时，可开缝放进二氧化碳。浇施生物菌液和碳素有机肥，提高二氧化碳浓度和产量。

收购标准　果顺直，淡绿色，长15～26厘米，直径3～4厘米，单果重80～100克，无虫眼、无伤痕。

2. 刘万发露地有机栽培朝天椒667平方米产1500千克

云南省丘北县树皮乡农科站刘万发，2007年指导该乡20公顷朝天椒，按碳素有机肥+复合生物菌液+硫酸钾+植物诱导剂+植物修复素技术，667平方米产1500千克，增产43%以上。

他认为：田间施有机肥，苗齐苗壮，果实油亮，产量高；幼苗期施复合生物剂防治疫病及结果期死秧；定植后用植物诱导剂灌根，每667平方米50克，兑水40千克，可防治病毒病，根系可增加0.5～1倍，抗热耐寒；结果期667平方米施30千克50%硫酸钾，可维持2000千克产量。

品种选择　①中干椒1号。中熟，生长期长，抗病毒病强，辣椒干物质含量高，一般年份667平方米可产干椒520千克，适合露地栽培，山东鱼台县主栽品种（刘录 0537-6211431）。②红魔特长干椒。果实羊角形，紫红色，长15厘米，粗4.7厘米，一级果85%，抗病毒病、炭疽病，平均667平方米产干椒420千克，高者500千克，瑞士诺华公司生产（左星海 0532-5764095）。③状元红朝天干椒。中早熟，矮秧抗病毒病和疫病，辣干色艳，辣味适中香浓，一般667平方米产干椒300～500千克，晋南主栽品种（0359-7531448）。④威箭F1朝天椒。辣味浓，口感好，667平方米用子20～30克，单株栽2800棵，株产300椒，总产鲜椒2500千克，干椒500千克左右，为2005年大连、广州主要出口品种，韩国进口品种（0557-8857446、8855011）。

做育苗畦 667平方米备苗床1.6米×（6～7）米，苗钵6～8厘米见方，床土配制为阳土6份，杂肥4份。每平方米营养土拌50克复合生物菌液，天然矿物钾、过磷酸钙0.5千克，与杂肥充分拌匀，可保持营养平衡。勿用化学氮肥。

种子处理 播前将种子晒2天，放入清水中漂洗，晾干表面水分，用1%的硫酸铜浸泡15～20分钟（0.5千克水5克药）。然后用清水冲去药物，放入瓦盆，用50～55℃热水浸种，边倒水边搅拌，待水温达到30℃时停止，放置30℃处12～20小时，使种子吸足水分，胚芽萌动裂嘴后播种，苗齐无病毒。种子浸泡时间勿过长，以免种子激素外渗，影响发芽率和长势。

播种覆盖 下种期按前作收获期60天定，冬闲露地栽培宜在3月上、中旬下子，4月底移栽，干红椒在2～4月均可下种育苗，但以早为好。苗床浇4厘米深水，待水渗完后在床面上撒一层细营养土，均匀播入种子，覆0.5厘米细沙土，支架盖膜。直播在清明前后，地泡湿整垄，用锄开1厘米深、10厘米宽浅沟，播子，覆3厘米土成拱形，3～5天刨去1.5厘米土。提高温度，促苗出齐。

苗床管理　种子不出土不揭膜，床面有缝，用细土盖严。出齐后疏苗，间距3.3厘米，切方，使根集中生长在本钵。幼苗生长中后期通风、降湿、控秧防徒。8～10叶时，取麦麸0.1千克炒香，拌敌百虫，醋、糖各100克放置畦内诱杀地下害虫，苗期不特别干旱不浇水。地上地下生长平衡。徒长苗喷粗壮素或植物诱导剂1000倍液控秧，干瘦苗喷浇1000倍生物菌液壮秧。

肥料运筹　按667平方米产500千克干红辣椒，需碳素1000千克，合含碳45%干秸秆2200千克。常用含碳25%左右的牛、鸡粪各2000千克。第1年或土壤瘠薄可多施碳素粪肥1倍左右，不伤秧。冬闲前深耕曝晒，开春后细耙。结椒期追施45%天然矿物钾22千克或草木灰（含钾4%）200千克。赛众28矿物复合营养肥10千克或生物菌肥固体10～25千克、液体1～2千克，即可满足生长需求。营养平衡，不浪费，不伤秧，保证碳营养和有益生物菌到位，干椒色香诱人。

定植　中干椒1号、红魔特长株行距按25厘米×75厘米，状元红按行距65厘米定植，株距25厘米，每穴3～4株或行距34厘米，定植深度以原育苗土基为准，刨穴，撒生物菌肥10～25千克，放秧覆土，800倍液的植物诱导剂灌入根茎，1小时后点水或浇水，水渗后覆土或破板，覆盖地膜。重茬地疫病严重，可在定植时667平方米用硫酸铜2千克拌碳酸氢铵9千克,闷24小时后放入穴内,彻底消毒,勿与生物菌同施。合理密植,群体受光均匀不徒长,按地域、品种说明确定密度株数。

管理 按667平方米产干椒500千克管理。定植后5～7天缓苗,之后控水蹲苗,25天左右视墒情浇水放秧,冲入2千克生物菌液,扩大叶面积,防治病毒病;在6月中下旬尽可能将地面封到85%。僵化秧、个别小叶秧或片域小苗用1000倍生物菌液喷叶,开花时高温喷硼、钙营养,虫害期喷铜、硅、钼营养,膨果期冲施钾营养,按50千克45%天然矿物钾产鲜辣椒6500千克投入。用黄板和频振式诱杀飞虫,用银灰色膜驱避害虫。用苏云金杆菌生物剂杀灭钻心虫,用苦参碱、茵蒿素、苦楝素、生物源、齐螨素等生物农药灭虫。用新植霉素、生物农药、铜锌营养制剂防治猝倒病、立枯病和疫病。轻度病害每隔7天喷一次铜皂液(硫酸铜、肥皂各50克,兑水14千克),中度病害用铜铵合剂(硫酸铜和碳各50克,兑水14千克),重度病害用波尔多液(硫酸铜50克,生石灰40克,兑水14千克),叶背喷,效果佳。

采收 10月下旬后随气温转冷,让辣椒株自然枯死,果实在植株上自然晾干后拔起,放置通风处自然脱水,摘椒分级,晾干保存。着色期保持田间干燥,使自然着色率达80%以上。收获前15天,禁止浇水,勿施氮肥。

投入产出估算 667平方米产500千克干辣椒,需投入干秸秆500千克,或堆积秸秆或牛粪2000～2400千克,拌鸡粪2000千克,两肥投资200元。地膜70元,种子、微量元素100

元，复合生物菌液100元，天然矿物钾30千克100元。占地费50元，用工30个450元，计1070元。2009年山西新绛市场干椒价每千克6～16元，667平方米产250～500千克，毛收入1500～8000元，投入产出比为1：1.4～7.5。美国纽约市场2001年11月20日每千克标记干椒44美元；韩国加逻市场2004年7月下旬每袋干椒600克、5350韩元，10天进口9025吨；2006年2月日本从大连、广州进口辣椒价7.2元/千克，国内售价2.7美元/千克。

3. 利用生态平衡管理预防辣椒根腐病和疫病（死秧）

辣椒根腐病和疫病均是土传病害，根腐病源菌为腐皮镰孢菌和疫病鞭毛霉菌，此类有害菌可在土壤中存活6～10年，传播渠道是靠施肥、工具、雨水流淌，造成共同的恶果是死秧。

当今，多数研究者将注意力集中在寻找特效杀菌剂来防治辣椒死秧，而忽视生态防病以求高产的措施。笔者根据生产实践总结出"深根抗病、长产量，浅根长叶蔓"，"病害是后期表现，苗期感染湿度过大是百病之源"，"病害是缺素引起的生理失调，施肥应注重营养全面"以及"创造适宜辣椒生物学特性要求的生态环境，来达到防病高产"的经验。

根腐病和疫病的主要病状是染病后茎根处产生黑斑，生长点变为暗深绿色，定植后株枝顶叶片稍见萎缩，傍晚至次日早晨恢复，反复数日后，叶片全部萎蔫至枯死。不同点是根腐病是整根枯死，但叶片仍呈绿色，根茎部与整根皮层呈淡褐色及深褐色腐烂，极易剥离，从露出的木质部横切茎观察，可见微管束变为褐色；后期潮湿时可见病部长出白色至粉红色霉层（真菌孢子），初期为单株枯死向周围侵染它株，以定植前后发病为重，易被及早淘汰更换。疫病在苗期染病后为猝倒苗，茎秆软化倒伏枯死；染病轻者株叶微黄，主根不发达，落叶落花严重，分杈处茎变为黑褐色，表面有白色霉层，定植后植株不生长、不变样，根茎连接处有0.5～1厘米长的皮肉呈水浸状软腐坏死，结果初期植株萎缩变黄，继而植株急速成片枯死。

护根防病生态平衡管理要点：

根茎平衡防死秧　辣椒根系不发达，在115天时根系间歇明显，再生力差，易木质化，且浅根植株吸肥水能力差，从辣椒的茎叶和根系比例看本身就不太平衡，故抗逆性弱，易染病害。所以定植前以调备营养，控水和切方移位，"蹲"、"囤"苗，促深根为工作重点，促使地上部和地下部平衡生长育成壮苗，避免疫病死秧育苗环境在30℃以上，床土配制宜用腐熟冷性猪粪，30℃以下的用腐熟热性的厩肥，以土杂肥或粪堆底土做床土为保险.比例为粪肥3份，异科园土7份，不施化肥。可用有益菌、腐植酸蔬菜专用肥，增加床土含氧量，杀菌防病，补充营养，疏松床土，利于养深根苗种子用保根康水溶液浸泡5分钟。防治疫病即苗期猝倒病，50%多菌灵50克，拌细土3份，种子上下各覆药土0.5～0.8厘米，苗出齐后用恒伟达生物菌，每7～15天喷洒1次，并在叶面上喷生根营养素或钙、磷、锌、醋混合液，可使根粗、根多，生长快，并可提高根系活性。

平均施肥防死秧　肥害或缺营养是染病死秧的前提。辣椒产量高不在施肥重，而在于营养全。辣椒生长所需有氮、磷、钾、钙、镁、硫、硼、锌、铁、铜、锰、硅等16种元素，缺一不长，某种元素过剩和不足均会导致产量不佳和生长不良，生长不良就易染病。各种元素过多则会引起植物生理失衡而中毒，或元素间互相拮抗，导致吸收能力减弱，严重时渗坑效应变小或失去渗坑作用，出现生理障碍及反渗透，造成植株脱水死秧。辣椒所需的氮、磷、钾比例大致是5.2：1：6.5，每667平方米按10 000～15 000千克产量投肥，因定植时已施入7000～10 000千克有机肥。天然矿物硫酸钾100千克，因钾不失效，以定植时投入25千克，结果期投75千克为宜。在蔬菜投肥上，一是要掌握营养全；二是要推广穴施恒伟达生物有机肥；三是要掌握适时适量，超量肥害要施壮根生物复合菌液减肥；四是掌握因土施肥，缺什么补什么，这样就做到了平衡施肥，不会造成肥害和缺素染病了。

温度平衡防死秧　辣椒所需的光合温度是25～30℃，适长范围窄，过高过低都会造成生理障碍而染病。温度超过32℃，花器生长受损，机体失衡；低于20℃，辣椒长不大。前半夜适温为20～18℃，可使白天制造的养分顺利运转到根部，从新分配生长果实和叶茎，达到生殖生长和营养生长，根系生长和地上部生长的平衡；后半夜气温15～17℃，可忍耐短时间的10℃左右；地温10～14℃，使植株整体降温休息，降低营养消耗量，提高产量和质量。

光照平衡防死秧　辣椒生长的每个阶段，对光照强度都有上下限要求，超过上下限的需求产量和品质将有所下降，植株易伤根染病。辣椒适长光照强度1万～4万勒，晋南地区的2～4月份、9～11月份为光照适长范围，5～7月份遮阳挡光，可提高辣椒产量34%以上；冬至前后白天光照强度为1万勒左右，可补光使其强度尽可能达到3万勒；越冬辣椒可选用紫光膜和无滴防尘膜增加紫光透光量，控病防徒，可提高产量25%～30%，早春选用聚乙烯普通膜防止高温强光死秧，维持生态平衡，能取得最佳产量和效益。

用药平衡防死秧　药害也是造成生长窒息而染病的重要原因之一。首先植物病害与缺素有关。如病毒病与缺锌缺硅有关；真菌性病害与缺钾缺硼有关；细菌性病害与缺钙缺铜有关，如果各种营养素平衡就自然不易发生病害。其次控温控湿，控水通风。通过透气增光、施肥中耕等措施为植物创造一个平衡生长生态环境，也可以防病增产。最后再考虑用生物农药、保护性农药、融杀性农药防病。目前最佳配方农药，是以能补充微量元素、刺激作物生长、有效性可达11～16个月的保根康为好。苗期叶面或床土喷洒复合生物菌液，定植时在穴内667平方米撒3～7千克有益菌肥或定植后灌根。

4. 南方沿海区域有机辣椒栽培疑难问题应对

我国南方沿海地区由于昼夜温差小，降雨量多、风大而频、土壤透气性差、杂草茂等自然因素，作物病虫害严重，发展有机农业风险大、产量低，如何应对这些疑难问题。2010—2011年，经过对广州、台山、深圳等地的考察指导并派员在此种植有机蔬菜，调查试验后，有针对性地提出了应对办法：

土壤瘠薄　以广东省台山市为例，土层厚15厘米左右，因过去常年往田间撒施石灰粉杀菌消土，土壤严重钙质化，耕作层透气性只有15%左右，15厘米以下透气性在5%以下，有机质含量0.6%，有效钾含量47～112毫克/千克，氮3～6毫克/千克，磷40毫克/千克左右，pH值8.05。土壤盐浓度1000毫克/千克，高产要求4000毫克/千克。

应对办法：①停施石灰粉（因它能促土壤碱化）和磷肥（高产标准浓度为40毫克/千克）。②667平方米施秸秆5000～6000千克或鸡、牛粪各5000～6000千克，基施50%天然矿物硫酸钾25千克，恒伟达壮根生物复合菌液2千克，深施在耕作层15厘米以下至45厘米处，彻底改良土壤耕作层营养结构，结果期补钾（高产标准要求240毫克/千克），生长期补充有机氮及碳酸氢铵，因奇缺，高产标准要求约100毫克/千克。

杂草茂密　该地年最低气温在8℃左右，杂草可以周年生长，尤以6～10月份杂草茂密，与作物争肥争光比长势，多高出作物20厘米以上，且拔草一次，3～4天又长出一茬。

应对办法：①喷浇复合生物菌液667平方米2千克，将田间杂草子全部出土后除掉。②田埂、地头、渠边杂草用施田扑、扑草净等除草剂及时灭草。③防止水渠里杂草籽随水入田。④及早拔除小草，以防结籽蔓延。⑤地面覆盖地膜，抑制杂草生长。

虫害　由于该区域雨频杂草多，草可周年生长，虫可在杂草中越冬滋生蔓延，害虫品种多，生命力强，繁殖快。

应对办法：①每3公顷面积悬一盏频振式杀虫灯诱杀害虫。

②田间挂黄板诱杀害虫。③及早清除杂草，以防杂草中滋生害虫。④用高效低残留化学农药喷洒田间周围，基耕路边灭草灭虫。栽培床上，用生物农药杀虫。如黎芦碱、苦参碱、苏云金杆菌1500～2000倍液防治黄条跳甲虫、菜心虫、甜菜叶蛾等害虫。⑤用麦麸2.5千克炒香，拌醋、糖、敌百虫各0.5千克，晚上堆放在薄膜上摆在田间诱虫，早上捡虫灭掉。⑥用恒伟达生物菌150～300倍液在作物叶面喷洒，飞虫沾上后即不会产生脱壳素窒息而死。

昼夜温差小 该域6～9月份白天温度多在35～36℃，晚间温度在27℃左右，昼夜温差在7～9℃，因昼夜温差小，果瓜类菜产量低，叶类菜营养难以积累，品质差。

应对办法：①设冷棚遮阴挡雨，在其下种菜。②选择11月至翌年5月昼夜温差在15℃左右时生产蔬菜。③建筑全封闭保护地设施，用井水和地下冷气降温等。④合理密植，防止太阳直晒地面，使地温过高。

温、湿度大病多 台山市年降水量1600～2000毫米，雨多而频，空气湿度大，由于虫多作物伤口多，土壤营养不平衡，作物易发生理性缺素症，引起作物真、细菌病，且因温、湿度适宜病菌生育，作物腐烂速度快，来势凶猛。

应对办法：①清除周边杂草消灭害虫源。②及时喷复合生物菌灭病菌。喷植物诱导剂700～900倍液，提高作物抗逆性，防治病毒性病害；喷植物修复素及时愈合作物伤口，防止感染多种病害。③施足有机肥，如辣椒、茄子干枝病系营养不良症。④可用硫酸铜50克对碳酸氢铵40克，兑水15千克喷洒，防治真、细菌病害，避虫。

土壤营养流失严重　因土层薄、雨水多，田间有机质及多种作物所需营养元素易被水冲走，使作物根系不发达，营养供给常断档。

应对办法：①有机肥深埋30厘米，用复合生物菌分解，地面、垄上覆盖土或地膜，保护肥力及营养。②晴天，气温在20℃左右时叶面喷米醋拌过磷酸钙300倍液补磷钙，喷1000倍液的锌、硼防皱叶或小叶，喷复合生物菌配植物修复素控秧促根促果，喷氨基酸类营养物补充根系营养供给不足与失衡，提高产量和品质。

风大　该域在7～10月份，常有台风袭击，保护地设施常被刮坏。

应对办法：①建矮棚厚墙设施，如鸟翼形大暖窖和薄膜小拱棚。②棚内支架底部用钢筋水泥凝固，骨架钢材结构。③在风来方向设障，台风季节撤下棚膜。

水害　南方雨多而频，常会出现蔬菜垄被水冲垮或菜秧被淹没泡死的现象。

应对方法：①起高垄，垄上栽秧，畦要短，以便及时快速排水，田间不积水。②雨前用植物诱导剂灌根或喷洒增加根系数目。③雨前后浇施复合生物菌使土壤活力强，雨后少板结，阴天雨间根系不太萎缩，雨后不闪苗或萎蔫轻。

作物秆细徒长　因湿大温高，作物茎秆纤细，易徒长，严重影响产量。

应对方法：①施足有机肥，使土壤营养浓度在4000～6000

毫克/千克，防止作物饿长。②育苗床不用化肥，在三叶一心时喷一次800～1200倍液的植物诱导剂（有机栽培认证准用物资），增根壮秧，定植后按600～800倍液灌根一次，中后期如果秧蔓徒长，可再酌情喷一次浓度400～500倍液。结果期喷一次植物修复素，使营养往下转移，提高产量和品质。

附　录

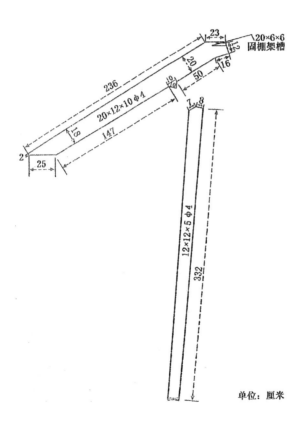

单位：厘米

附图1　鸟翼形长后坡矮后墙生态温室预制横梁与支柱构件图

（摘自《有机蔬菜良好操作规范》2007年科学技术文献出版社，马新立著）

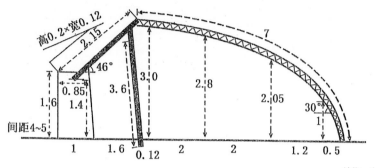

注：
上弦：国标管外φ2.5厘米（6分管）　下弦：φ12#圆钢　W型减力筋：φ10#圆钢
水泥预制立柱上端马蹄形，往后倾斜30°　水泥预制横梁后坡度46°，上端设固棚架
穴槽

附图2　鸟翼形长后坡矮后墙生态温室横切面示意图

特点：冬至前后室温白天可达28～30℃，前半夜为18℃左右，后半
　　　夜最低12℃左右，适宜栽培各种喜温蔬菜。

结构：后墙矮，仰角大，受光面大。后屋深，冬暖夏凉。棚脊低，
　　　升温快。前沿内切角大，散光进入量比琴弦式多17%。跨度适
　　　当，安全生产。方位正南偏西7°～9°，冬季日照及光合作用
　　　时间增加11%。墙厚1米，抗寒贮热好。后屋内角为46°，冬至
　　　前后四角可见光。

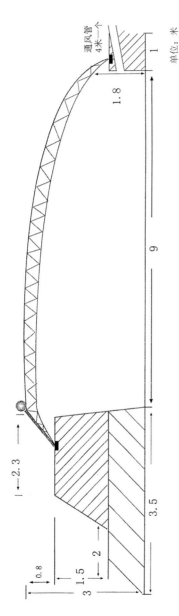

附图3 鸟翼形无支柱半地下式简易温棚横切面示意图

单位：米

通风管
4米一个

特点：
(1) 土地利用率为70%；
(2) 昼夜温差大，适宜茄子、西红柿、黄瓜、彩椒等瓜果菜宜高产优质；
(3) 造价是温室的2／3，抗风；
(4) 夏天便于通风排湿，适合早春、越夏、早秋栽培各种蔬菜；
(5) 微喷滴灌。

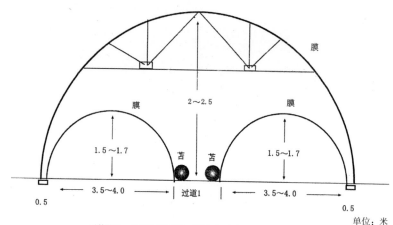

附图4 组装式两膜一苫钢架大棚横切面示意图

特点与用料：（1）南北走向；（2）大棚1寸钢管焊制，长6.5～7米；（3）小棚用厚1厘米，宽3.5～4厘米的竹片。

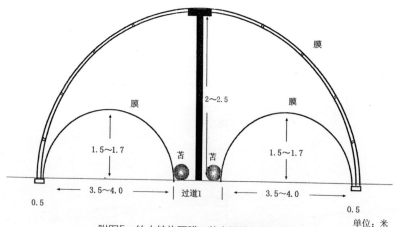

附图5 竹木结构两膜一苫大棚横切面示意图

特点与用料：（1）南北走向；（2）大棚竹竿粗头直径为10厘米，长6.5～7米；（3）小棚用厚1厘米，宽3.5～4厘米的竹片；（4）立柱砼预制件10厘米×10厘米，内设4根4.5毫米的冷拔丝。

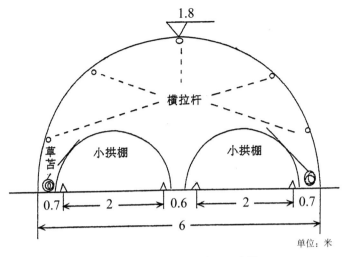

附图6 两膜一苫中棚横切面示意图

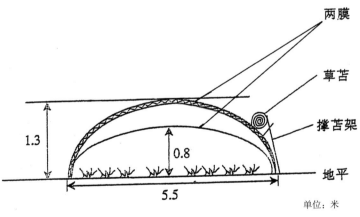

附图7 两膜一苫小棚横切面示意图

附表1　有机肥中的碳、氮、磷、钾含量速查表

肥料名称	碳（C，%）	氮（N，%）	磷（P_2O_5，%）	钾（K_2O，%）
粪肥类				
（干湿有别）				
人粪尿	8	0.60	0.30	0.25
人尿	2	0.50	0.13	0.19
人粪	28	1.04	0.50	0.37
猪粪尿	7	0.48	0.27	0.43
猪尿	2	0.30	0.12	0.00
猪粪	28	0.60	0.40	0.14
猪厩肥	25	0.45	0.21	0.52
牛粪尿	18	0.29	0.17	0.10
牛粪	20～26	0.32	0.21	0.16
牛厩肥	20	0.38	0.18	0.45
羊粪尿	12	0.80	0.50	0.45
羊尿	2	1.68	0.03	2.10
羊粪	12～26	0.65	0.47	0.23
鸡粪	20～25	1.63	1.54	0.85
鸭粪	25	1.00	1.40	0.60
鹅粪	25	0.60	0.50	0.00
蚕粪	37	1.45	0.25	1.11
饼肥类				
菜子饼	40	4.98	2.65	0.97
黄豆饼	40	6.30	0.92	0.12
棉子饼	40	4.10	2.50	0.90
蓖麻饼	40	4.00	1.50	1.90
芝麻饼	40	6.69	0.64	1.20
花生饼	40	6.39	1.10	1.90

肥料名称	碳（C，%）	氮（N，%）	磷（P_2O_5，%）	钾（K_2O，%）
绿肥类				
（老熟至干）				
紫云英	5～45	0.33	0.08	0.23
紫花苜蓿	7～45	0.56	0.18	0.31
大麦青	10～45	0.39	0.08	0.33
小麦秆	27～45	0.48	0.22	0.63
玉米秆	20～45	0.48	0.22	0.64
稻草秆	22～45	0.63	0.11	0.85
灰肥类				
棉秆灰	（未经分析）	（未经分析）	（未经分析）	3.67
稻草灰	（未经分析）	（未经分析）	1.10	2.69
草木灰	（未经分析）	（未经分析）	2.00	4.00
骨灰	（未经分析）	（未经分析）	40.00	（未经分析）
杂肥类				
鸡毛	40	8.26	（未经分析）	（未经分析）
猪毛	40	9.60	0.21	（未经分析）
腐植酸	40	1.82	1.00	0.80
生物肥	25	3.10	0.80	2.10

注：每千克碳供产瓜果10～20千克，整株可食菜20～40千克，每千克氮供产菜380千克，每千克磷供产瓜果660千克。

附表2　品牌钾对蔬菜的投入产出估算

2010年3月20日

品　名	每袋产量	目前市价	投入产出比
含钾50%的天然矿物钾	每50千克袋可供产瓜果8000千克以上	每袋200元	1：40
含钾33%（含镁20%）（青海产）	每50千克袋可供产瓜果4126千克	每袋200元	1：20
含钾51%的天然矿物钾（新疆产）	每50千克袋可产瓜果8000千克	每袋240元	1：33
含钾52%纯钾（俄罗斯产）	每50千克袋可产瓜果6700千克	每袋260元	1：25.7
含钾25%（含硅42%，稀土若干）（陕西合阳产）	每25千克袋可产瓜果625千克，硅可避虫，稀土增品质	每袋62元	1：10
含钾26%的膨坐果（含磷）	每8千克袋可产瓜果268千克	每袋20元	1：13.4
含钾20%的稀土高钙钾	每4千克袋可产瓜果122千克	每袋10元	1：12.2
含钾5%的茄果大亨（含氮8%）	每袋2.5千克，叶弱用	每袋7元	宜缺氮时使用
含钾22%的冲施灵（含镁、氮、磷）	每袋5千克，产果139千克	每袋20元	1：6.7

　　说明：按世界公认每千克纯钾可供产果瓜122千克、菜价按1元／千克计，因用复合生物菌或肥，还可分解土壤中粗粒钾，可吸收空气中的氮，分解土壤和有机肥中的矿物营养。另参考了有机蔬菜禁用化学氮、磷肥的因素。

恒伟达生物科技有限公司简介

　　山西恒伟达生物科技有限公司引进中国农科院微生物研究所、中国农科院土壤肥料研究中心的高新技术，并聘请中国农科院有关专家及全国农业生态科技专家马新立作为技术指导，投资1500万元建成了年产生物有机肥30 000吨，复合微生物水溶肥10 000吨，复合微生物叶面肥2 000吨，有机肥10 000吨，有机无机复合肥10 000吨的生产线，产品已取得国家农业部微生物肥料登记证"微生物肥（2011）临字（1429号）"、"微生物肥（2012）临字（1581）号"、"微生物肥（2012）临字（1586）号"和山西省农业厅有机肥料登记证"晋农肥（2011）临字（0726）号"，并取得了有机生产投入品认证书"杭州万泰认证编号O100001"，注册了"绛州绿"牌肥料类商标。

　　公司的生物有机肥系列产品引进中国台湾、日本成熟的微生物菌种及先进的生产工艺，所用原料全部是种植业、养殖业、屠宰厂、淀粉厂等难以处理的废物，不仅原料成本低，而且转化利用了废弃有害资源，既保护了环境又造福了社会。公司生产中每年可消化利用鸡粪40 000立方、羊粪30 000立方、牛粪30 000立方、兔粪10 000立方，玉米和棉花等农作物秸秆60 000吨、造纸厂浓黑液5000立方，淀粉厂、味精厂、屠宰厂浓废水8000立方，沼气池沼渣、沼液5000立方，这些生产减少了大量的养殖污染、种植污染及难以处理的工业污染。而上述这些污染废弃物中含有大量丰富的有机质，经公司先进的生物发酵工艺处理后，变成集生物肥、有机肥、无机肥特点于一体的，具有多效能和全价养分的优质肥料，可消除土壤板结，改良土壤，抗重茬；抑病菌，克虫卵；固氮解磷解钾，保水保肥，增产量；生态环保，提升品质；是农作物的"绿色食品"，是生态有机农业种植的必需产品。

有机肥含有农作物所需要的各种营养元素和丰富的有机质，是一种完全肥料。其施入土壤后，分解慢、肥效长，养分不易流失。

微生物有机肥施入土壤后，可为农作物提供全面的营养；有机肥腐解后，可为土壤微生物的生命活动提供能量和养料，促进土壤微生物的繁殖。微生物又通过其活动加速有机质的分解，丰富土壤中的养分，改良土壤结构，能有效地改善土壤中的水、肥、气、热状况，使土壤变得疏松肥沃，有利于耕作及作物根系的生长发育，增强土壤的保肥供肥及缓冲能力，也可增强土壤的深处供肥和耐酸碱的能力，为作物的生长发育创造一个良好的土壤条件。有机肥腐解后产生的一些酸性物质和生理活性物质能够促进种子发芽和根系生长。在盐碱地上施用有机肥，还具有改良土壤的作用，减轻盐碱对作物的危害，可增强土壤的蓄水、保水能力，提高作物的抗旱能力。施入有机肥后，还可以提高土壤的空隙度，使土壤变得疏松，改善根系的生态环境，促进根系的发育，提高作物的耐涝能力。

有机肥还可以提高肥的利用率。有机肥中的有机质分解时产生的有机酸，能促进土壤和肥中的矿物质养分溶解，从而利于农作物的吸收和利用。有机肥在分解过程中会释放出CO_2，在温室大棚内常用它来补充CO_2气肥。

公司奉行"以德为本、以质为根、科技创新、不断改进、信誉至上、优质服务"的宗旨。公司可带动养殖户1000户，带动养殖（鸡、羊、兔、牛）规模20万只（头），年带动农户增收200万元以上。

我们将用雄厚的科研技术力量、先进的生产设备为生态农业、有机农业、无公害绿色农业生产出优质的肥料，用我们优秀的团队为农民提供满意的服务。

张宝良（13703594428）

张怀良（0359-7698888）

内容简介

　　本书由国家蔬菜标准化示范县——山西省新绛县农业科技人员马亚红，山西农业大学张婷，河南科技学院教授王广印和农业科技专家、北京《蔬菜》杂志科技顾问马新立合著。作者将整合出的以有机蔬菜生产五大创新技术为核心的技术（即碳素有机肥+绛州绿复合微生物菌+钾+植物诱导剂+植物修复素）应用在全国各地辣椒生产上，一年一茬667平方米产干椒500千克左右。此栽培模式在生产管理中能比过去使用化学技术成本降低30%～50%，产量提高0.5～1倍，而且产品符合有机食品出口标准要求，出口俄罗斯、日本、美国、韩国，并通过香港特区销往中东地区。现将其生产技术流程，按一图一说的方式介绍给大家。内容直观翔实，便于模仿操作，具有较强的先进性、科学性和可行性。

　　本书适宜广大农民、技术服务者及农资企业管理者参考学习。